BEI GRIN MACHT SICH IHR WISSEN BEZAHLT

AF124608

- Wir veröffentlichen Ihre Hausarbeit,
  Bachelor- und Masterarbeit

- Ihr eigenes eBook und Buch -
  weltweit in allen wichtigen Shops

- Verdienen Sie an jedem Verkauf

Jetzt bei www.GRIN.com hochladen und kostenlos publizieren

Matthias Himmelmann

Die Mathematik der Sekundarstufe II zusammengefasst

GRIN Verlag

Bibliografische Information der Deutschen Nationalbibliothek:

Die Deutsche Bibliothek verzeichnet diese Publikation in der Deutschen National-
bibliografie; detaillierte bibliografische Daten sind im Internet über http://dnb.d-
nb.de/ abrufbar.

Dieses Werk sowie alle darin enthaltenen einzelnen Beiträge und Abbildungen
sind urheberrechtlich geschützt. Jede Verwertung, die nicht ausdrücklich vom
Urheberrechtsschutz zugelassen ist, bedarf der vorherigen Zustimmung des Verla-
ges. Das gilt insbesondere für Vervielfältigungen, Bearbeitungen, Übersetzungen,
Mikroverfilmungen, Auswertungen durch Datenbanken und für die Einspeicherung
und Verarbeitung in elektronische Systeme. Alle Rechte, auch die des auszugsweisen
Nachdrucks, der fotomechanischen Wiedergabe (einschließlich Mikrokopie) sowie
der Auswertung durch Datenbanken oder ähnliche Einrichtungen, vorbehalten.

Impressum:

Copyright © 2013 GRIN Verlag, Open Publishing GmbH
Druck und Bindung: Books on Demand GmbH, Norderstedt Germany
ISBN: 978-3-668-00345-3

Dieses Buch bei GRIN:

http://www.grin.com/de/e-book/301639/die-mathematik-der-sekundarstufe-ii-
zusammengefasst

GRIN - Your knowledge has value

Der GRIN Verlag publiziert seit 1998 wissenschaftliche Arbeiten von Studenten, Hochschullehrern und anderen Akademikern als eBook und gedrucktes Buch. Die Verlagswebsite www.grin.com ist die ideale Plattform zur Veröffentlichung von Hausarbeiten, Abschlussarbeiten, wissenschaftlichen Aufsätzen, Dissertationen und Fachbüchern.

Besuchen Sie uns im Internet:

http://www.grin.com/

http://www.facebook.com/grincom

http://www.twitter.com/grin_com

Die Mathematik
der Sekundarstufe II
zusammengefasst

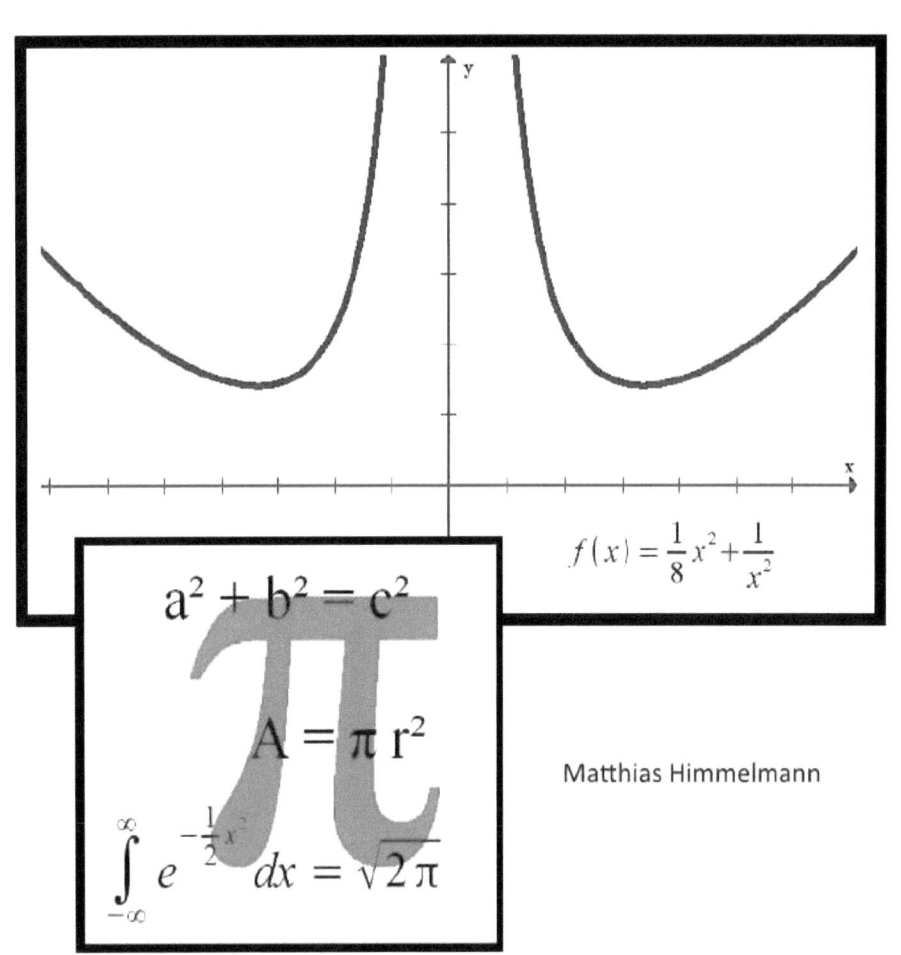

$$f(x) = \frac{1}{8}x^2 + \frac{1}{x^2}$$

$$a^2 + b^2 = c^2$$

$$A = \pi r^2$$

$$\int_{-\infty}^{\infty} e^{-\frac{1}{2}x^2} dx = \sqrt{2\pi}$$

Matthias Himmelmann

Inhaltsverzeichnis

Vorwort

Zuerst ist zu sagen: Dieses Buch richtet sich an Personen, die ein grundsätzliches Verständnis für die Themen mitbringen, die im Abitur drankommen, aber vielleicht noch eine kleine Auffrischung brauchen. Ziel dieses Buches ist es nun, abiturrelevante Themen aufzugreifen und sie so einfach wie nur möglich zu erklären und ist als Vorbereitung für das Abitur und auch als Auffrischung für ein etwaiges Studium in dieser Richtung gedacht. Da ich nun nur begrenzte Materialien zur Verfügung habe und selbst die Qualifikationsphase der Oberstufe besuche, kann ich nicht für die Vollständigkeit dieses Buches garantieren, ich habe mich jedoch am Lehrplan des hessischen Kultusministeriums für das Jahr 2013 orientiert und alle Themen abgedeckt, die dort vorkamen.

Weiterhin ist wohl gerade der Fakt, dass ich noch ein Schüler bin, von Vorteil, weil ich so in der Lage bin, die Komplexität der Themen so niedrig wie möglich zu halten, sodass das Niveau verständlich bleibt und nicht, wie in einer Doktorarbeit für den Durchschnittsbürger so unverständlich wie eine fremde Sprache ist. In diesem Sinne werde ich zu Beginn dieses Buches auch noch einmal ein paar Themen aus der Sekundarstufe I Revue passieren lassen, die einigen vielleicht nicht mehr ganz so präsent sind.

Schließlich werde ich dieses Buch auch selbst zur Abiturvorbereitung benutzen und so denke ich, dass der Inhalt dieses Buches so vertrauenswürdig, wie ich selbst in dem Fach Mathematik bin, ist. Es bleibt jedoch natürlich die Entscheidung des Lesers, inwiefern das der Fall ist.

Das Abitur ist in den heutigen Zeiten größtenteils darauf ausgelegt, dass man es mit dem grafischen Taschenrechner lösen kann. Ich werde deshalb ein besonderes Augenmerk auf die Erklärung der verschiedenen Funktionen des GTR legen. Was ist aber nun noch wichtig im Abitur, wenn der Taschenrechner alles für uns erledigt? Es wird darauf geachtet, dass der Rechenweg stimmig aufgeschrieben ist, oder, wenn der Taschenrechner (wie z.B. bei einem Integral alles rechnet), wieso dieser Ansatz gewählt wurde und was dahinter steckt. Ich werde im weiteren Verlauf des Buches versuchen, diese Fragen zu klären, warum einige Formeln da sind, was ihre Bedeutungen sind und wie man sie anwendet.

Was sich nun noch sagen lässt, ist, dass ich den Lesern dieser Lektüre viel Glück bei ihrer Abiturvorbereitung und beim Abitur selbst wünsche, aber Achtung: das Lesen dieses Buches garantiert nicht das Bestehen des Abiturs! Deshalb stehe ich für etwaige Fragen bezüglich dem Buch selbstverständlich zur Verfügung.

Analog zum Buch habe ich folgende Materialien verwendet:

- Grafischer Taschenrechner: „CASIO fx-9860G Slim"
- Formelsammlung: „Das große Tafelwerk interaktiv. Formelsammlung für die Sekundarstufe I und II"
- Lehrbuch: „Lambacher Schweizer Mathematik für Gymnasien. Gesamtband Oberstufe"
- Grafisches Programm: „Graph" zum Zeichnen von Funktionen
- Grafisches Programm: „Paint.Net" zum Bearbeiten von den Funktionen und Bildern
- Formelwerkzeug: „OpenOffice.org Formeleditor"

Rückblick auf die Sekundarstufe I

1 Funktionen

Eine Funktion ist sozusagen eine Rechenvorschrift, die jedem Wert, den man in sie einsetzt („x"), genau einen Wert der *Zielmenge* zuordnet („f(x)"). Diese beiden Werte nennt man *Variablen*, da sie, je nachdem welchen Wert man für eine von ihnen einsetzt, unterschiedliche Werte für den jeweils anderen ausgeben, also in ihrem Ergebnis variabel sind. In diesem Zusammenhang heißt die Menge aller Zahlen, die eingesetzt werden dürfen, *Definitionsbereich* und die Menge aller Zahlen die dadurch entstehen können *Wertemenge*.

Bei einer Funktion wird nun einem x-Wert genau ein y-Wert zugewiesen und eine Rechenvorschrift dazu formuliert. Eine solche Rechenvorschrift könnte y = 2x + 1 oder auch y = 0,5x² heißen. Diese Funktionen lassen sich dann grafisch darstellen und bilden beispielsweise eine Gerade, da bei einer Geraden jedem nur möglichen x-Wert, der eingesetzt werden könnte, ein Funktionswert y zugeordnet wird. Wie zeichnen wir diesen Zusammenhang aber nun ein? Bei einer Geraden brauchen wir zum Beispiel nur 2 Punkte (da wir 2 zu berechnende Werte [m und c] haben), damit sie eindeutig bestimmt ist, also nur eine Gerade in dieser Form existiert, die die beiden Punkte (Punkt: Eine Zuordnung von einem bestimmtem x zu y in der Form (x|y)) enthält. Die folgende Grafik zeigt das:

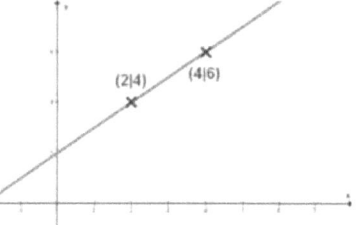

Anmerkung: Jede Funktion wird in ein sogenanntes *Koordinatensystem* eingetragen, das aus einer x- und einer y-Achse besteht. Dadurch kann man einen bestimmten Punkt der Funktion besser ablesen und auch eintragen. Die Skalierung Koordinatensystem sollte so gewählt sein, dass man die wichtigen Teile der Funktion erkennen kann, also die Teile, auf die man aufmerksam machen will.

Wir wissen nun, dass jede Gerade eine Funktionsvorschrift (Rechenvorschrift; wenn man x einsetzt, kommt y raus) der Form f(x) = y = mx + c besitzt. „m" beschreibt hier, wie stark die Funktion steigt (ist m=2, so verdoppelt sich der y-Wert mit einem x, das um 1 größer wird), während c beschreibt, in welchem Punkt die Funktion die   y-Achse schneidet (*y-Achsenabschnitt*). Haben wir nun zwei Punkte gegeben, so können wir die Funktion ausrechnen, die zu ihnen gehört. Dazu benutzen wir zuerst die *Punktsteigungsform* (für die Berechnung der Steigung einer Geraden) und setzen in einem letzten Schritt noch einmal den Punkt ein, um den y-Achsenabschnitt zu erhalten. Merke: Der 1. Wert in der Klammer ist gleich dem x, das man einsetzt, und der zweite Wert ist das y, das am Ende rauskommt. Ein Beispiel:

$$f(x) = y = mx + c$$
$$P_1 : (2|4); \quad P_2 : (4|6)$$

$$m = \frac{y_1 - y_2}{x_1 - x_2} = \frac{4-6}{2-4} = 1$$
$$\rightarrow f(x) = 1x + c$$
$$f(2) = 4 = 1 \cdot 2 + c; \quad c = 2$$
$$f(x) = x + 2$$

Die **Länge eines Teilstücks einer Geraden** (eine Strecke) bestimmt man mit dem Satz des Pythagoras, indem man den Anfang der Strecke auf den Ursprung (0|0) verschiebt (durch $y_{p1} - y_{p0}$ und $x_{p1} - x_{p0}$; man rechnet praktisch Punkt1-Punkt2 und erhält so den neuen Endpunkt der Strecke) und dann die Wurzel aus der Summe der Quadrate von x- bzw. y-Wert des Endpunktes zieht. ($L = \sqrt{(y_{p1} - y_{p0})^2 + (x_{p1} - x_{p0})^2}$)

Eine weitere Art der Funktionen ist die sogenannte *quadratische Funktion*. Sie ordnet einem y-Wert einen x-Wert zu, der mit sich selbst multipliziert (also quadriert; x^2) wird. Sie tritt als Funktionsvorschrift in der Form $f(x) = y = a*x^2 + b*x + c$ (b und c können hierbei gleich null sein, sodass das Element wegfällt) auf. Eine solche Funktion sähe beispielsweise wie rechts unten dargestellt aus.

Um die Funktionsvorschrift dieses Graphen eindeutig zu bestimmen, braucht man nun 3 Punkte, da es 3 zu berechnende Werte (a, b und c) gibt. Durch geschicktes Einsetzen der drei Punkte erhält man die Funktion. Der folgende Ansatz ist ein Beispiel dafür:

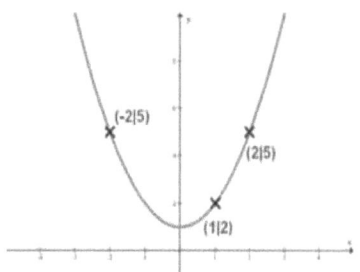

$$f(x) = ax^2 + bx + c$$
$$P_1(-2|5); \ P_2(1|2); \ P_3(2|5)$$
$$f(2) = 5 = 4a + 2b + c; \ f(-2) = 5 = 4a - 2b + c$$
$$gleichsetzen \rightarrow 4a + 2b + c = 4a - 2b + c \rightarrow b = 0$$

$$f(1) = 2 = a + c; \ a = 2 - c$$
$$Einsetzen \rightarrow f(2) = 5 = 4 \cdot (2 - c) + c \rightarrow c = 1; \ a = 1$$

$$f(x) = x^2 + 1$$

Jetzt ist es so, dass man in manchen Aufgaben bestimmen, muss, wo die sogenannten **Nullstellen** einer Funktion liegen, also die Schnittpunkte der Funktion mit der x-Achse. Dafür sollte man wissen, dass der Wert von „y" auf der x-Achse gleich 0 ist. Wir müssen dementsprechend nur für y 0 einsetzen. Dazu ein Beispiel:

$$f(x) = 3x^2 - 8x + 4$$

Mittels der sogenannten **abc-Formel** lässt sich so eine Nullstelle einer quadratischen Funktion der Form $ax^2+bx+c=0$ berechnen. Sie ist rechts dargestellt. Für höhere Funktionsgrade (Wert der höchsten Potenz)

$$y = 0: \ f(x) = 0 = 3x^2 - 8x + 4; \ abc: \ x_{1,2} = \frac{-b \pm \sqrt{b^2 - 4ac}}{2a}$$
$$x_{1,2} = \frac{8 \pm \sqrt{8^2 - 48}}{6} \rightarrow P_1(2|0); \ P_2\left(\frac{2}{3}|0\right)$$

existiert so eine Formel leider entweder nicht oder ist zu kompliziert.
Bis zum Grad 6 haben wir jedoch die Möglichkeit, den **GTR** dafür zu benutzen (Grad 3, falls er nicht geupdated ist). Dazu gehen wir ins „EQUA" Menü und wählen anschließend „Polynomgleichung" (F2) aus. Nun können wir den gewünschten Grad auswählen und daraufhin die Gleichung eingeben, für die die Nullstellen berechnet werden sollen.

2 Polynomdivision

Nun kann es aber passieren, dass wir es mit Gleichungen zu tun bekommen, die für unseren Taschenrechner einen zu großen Grad haben, oder es einfach zu lange dauern würde, sie in den GTR einzutragen. In diesem Fall kommt das Wissen um sogenannte *ganzrationale Funktionen* (Funktionen des Grades n der Form $f(x)=a_nx^n + a_{n-1}x^{n-1} +...+a_1x+a_0$) ins Spiel, nämlich dass jede Einzelne von Ihnen – sofern sie Nullstellen besitzt – in der Form f(x)=(x - {1. Nullstelle})*...*(x – {letzte Nullstelle})*(Rest) geschrieben werden können und so die Nullstellen deutlich werden.
Dazu muss man am Anfang die erste Nullstelle jedoch „raten". Häufig wird dazu die 0, 1 oder 2 genommen. Ein Beispiel dazu:

$$(x^3 - 2x^2 - 5x + 6) : (x - 1) = x^2 - x - 6$$
$$\underline{-(x^3 - x^2)}$$
$$\quad -x^2 - 5x$$
$$\quad \underline{-(-x^2 + x)}$$
$$\qquad -6x + 6$$
$$\qquad \underline{-(6x + 6)}$$
$$\qquad\qquad 0$$

Die nun entstandene Funktion heißt f(x)=(x-1)*(x^2 – x – 6). Die restlichen Nullstellen können wir dann mit der gerade gelernten abc-Formel bestimmen, sodass wir auf die Funktion f(x)=(x-1)*(x-3)*(x+2) kommen. In dieser Form lassen sich die Nullstellen der Funktion einfach ablesen und sie ist einfacher zu handhaben.

3 Grenzwertberechnung

Der *Grenzwert* (*Limes*) einer Funktion bezeichnet den Wert, dem sich die Funktion in der Umgebung der betrachteten Stelle annähert. Existiert dieser Grenzwert, so bezeichnet man die Funktion als *konvergent*, existiert er jedoch nicht (Zum Beispiel, weil es sich um eine Polstelle handelt), heißt die Funktion *divergent*. Zumeist wird nun betrachtet, wie sich die Funktion verhält, je näher sie dem Wert ∞ kommt.

$$\lim_{x \to \infty} f(x) = 0$$

Ein Beispiel für die Notation: würde bedeuten, dass, je näher x Unendlich kommt, desto mehr nähert sich der Funktionswert 0 an.

Man kann aber auch zum Beispiel den Grenzwert für ein x bilden, das zum Beispiel gegen 5, gegen 0 oder gegen irgendeine reelle Zahl strebt. Dazu ein Beispiel der Berechnung:

$$f(x) = \frac{3x+1}{x^2}$$

Wir sehen: praktisch setzen wir nur den Wert, gegen den x strebt, in die Funktion ein. Der große Vorteil, den uns das ganze bietet ist jedoch, dass wir eigentlich unmögliche Funktionswerte wie zum Beispiel x → ∞ oder x → 0 bei 1/x bestimmen können.

$$\lim_{x \to 6} f(x) = \lim_{x \to 6} \frac{3}{x^2} = \frac{1}{12}$$

4 Arithmetische Zusammenhänge

Summen

Oftmals versuchen wir, Zahlenfolgen (Hier eine Summe) als vereinfachte und verkürzte Formel darzustellen. So hat sich das sogenannte *Summenzeichen* entwickelt, welches, wie es schon sagt, eine Summe, die eine bestimmte Regel befolgt, darstellt. Im Beispiel rechts ist die *Zählvariable* (die alle Werte der Summe nacheinander annimmt) „i", der Startwert 1 (muss eine natürliche Zahl sein) und der Endwert n (wobei n eine natürliche Zahl und kein Platzhalter sein muss).

$$\sum_{i=1}^{n} i = 1 + 2 + \dots + n$$

Mit dem Taschenrechner kann man auf dieses Summensymbol über das „RUN-MAT" Menü zugreifen, indem man „OPTN" → „CALC" (F4) → F6 → „E(" (F3) drückt. Unten kann man die Variable und den Startwert eingeben und oben den Endwert. Danach gibt man ein, für welchen Term man eine Summe bilden will (der Startwert muss enthalten sein).

Produkte

Genauso wie bei Summen kann man auch ein Produkt verkürzen. Dies wird analog zur Summe aufgeschrieben und zwar so:

$$\prod_{i=1}^{n} (i^2 + 1) = (1^2 + 1) \cdot (2^2 + 1) \cdot \dots \cdot (n^2 + 1)$$

Potenzen

Hierfür gibt es zwar keine Kurzfassung, es gibt aber sehr wohl Regeln zum Rechnen mit *Hochzahlen*:

$$a^r \cdot a^s = a^{r+s} ; \qquad \frac{a^r}{a^s} = a^{r-s}$$

$$a^r \cdot b^r = (a \cdot b)^r ; \qquad \frac{a^r}{b^r} = \left(\frac{a}{b}\right)^r$$

$$(a^r)^s = a^{r \cdot s} ; \qquad \sqrt[r]{a} = a^{\frac{1}{r}}$$

Analysis

1 Exponentielle Funktionen

Wachstums- oder Zerfallsprozesse können durch sogenannte *exponentielle Funktionen* dargestellt werden und sehen als Funktion wie folgt aus:

$$f(t) = G_0 \cdot a^t$$

Hierbei ist G_0 der Startwert der Funktion, also der Wert bei f(0). Der Wachstumsfaktor a beschreibt, in welchem Maß sich die Funktion vergrößert - beziehungsweise verkleinert - und wird in der Form (1+p) dargestellt, wobei p der prozentuale Wachstum pro Zeiteinheit t ist. Verdoppelt sich die Funktion also in einer Zeiteinheit, so wäre a gleich 2. Halbiert sich die Funktion in einer Zeiteinheit ist a gleich 0,5 und so weiter. Graphisch sähe das ganze so aus:

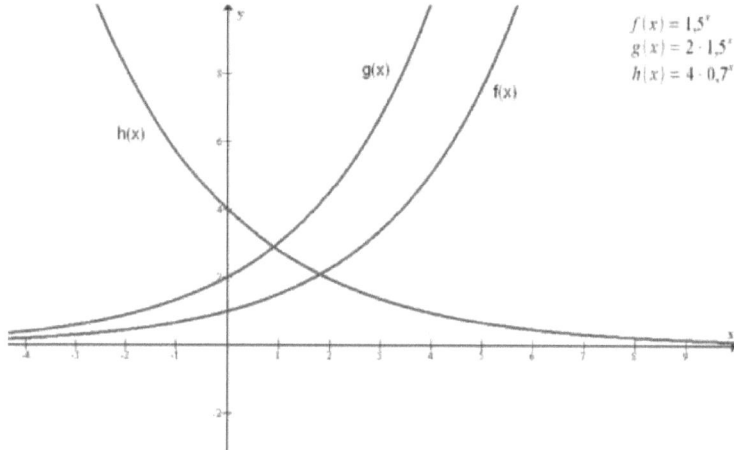

$$f(x) = 1,5^x$$
$$g(x) = 2 \cdot 1,5^x$$
$$h(x) = 4 \cdot 0,7^x$$

Es wird deutlich, welche Folgen eine Änderung hat. G_0 ändert so zum Beispiel nicht nur den Startwert, sondern lässt die Funktion allgemein stärker steigen (Vergleich f(x) und g(x)). Die Funktion h(x) deutet einen Zerfallsprozess an, sie steigt also überhaupt nicht, sondern wird immer kleiner.

Will man nun die Funktion eine exponentiell steigenden Graphen bestimmen, setzt man einen gegebenen Punkt zunächst in die allgemeine Funktion ein (s.o.) und stellt so einen Parameter in Abhängigkeit von dem anderen dar. Anschließend setzt man diese Abhängigkeit und den anderen Punkt wieder in die allgemeine Funktion ein und schon hat man die Parameter – und so die Funktionsvorschrift – bestimmt.

Wenn wir nun aber zum Beispiel die Zeit ausrechnen möchten, nach der die Funktion einen bestimmten Wert erreicht, stehen wir vor einem Problem: Wie holen wir das x in der Potenz nach unten? Die x-te Wurzel zu ziehen würde hier kaum Sinn machen, also müssen wir die Umkehrfunktion nehmen, den **Logarithmus**. Die Umrechnungsgesetze dafür lauten wie folgt: $\log_a(a^x) = x \; ; \; a^{\log_a(x)} = x$

So können wir zum Beispiel die *Verdopplungszeit* einer Exponentialfunktion berechnen: Sie ist gegeben durch

$$f(t) = 2f(0)$$
$$G_0 \cdot a^t = 2 \cdot G_0$$
$$t = \log_a(2) = \frac{\ln(2)}{\ln(a)}$$

Analog dazu lässt sich die *Halbwertszeit* (Die Zeit, in der sich die Funktion halbiert) berechnen, indem man anstatt der 2 eine 0,5 einsetzt.

7

Weitere Gesetze zum Rechnen mit Logarithmen finden sich auf Seite 20 der Formelsammlung *„Das große Tafelwerk für die Sekundarstufe I und II"*. Diese Gesetze finden jedoch im Analysisteil im Abitur kaum Anwendung.

Eine weitere Form der Exponentialfunktion ist die sogenannte **logistische Funktion**. Eine typische logistische Funktion könnte so aussehen: $f(x) = \dfrac{G_0}{1 + a^t}$

Diese Funktion wird oftmals in Abiturvorschlägen zur Beschreibung von realen Sachverhalten (wie dem Wachstum der Energie-Nennleistung) verwendet. Da sie sich, anstatt bis ins Unendliche weiter zu steigen, an einen bestimmten Wert, den sogenannten *Sättigungswert*, annähert, scheint sie dafür in einem besonderen Maße geeignet.

2 Trigonometrie

Sogenannte *trigonometrische Funktionen* beschreiben die rechnerischen Zusammenhänge zwischen Winkel- und Seitenverhältnissen eines Dreiecks.

Der *Einheitskreis* an der rechten Seite beschreibt diesen Zusammenhang gut. Der Einfachheit halber ist hier ein *rechtwinkliges* Dreieck gegeben (90° Winkel über x). Die Dreiecksseite, die an den Winkel α anliegt, heißt *Ankathete „A"*, die Dreiecksseite gegenüber dem Winkel α heißt *Gegenkathete „G"* und die längste Seite des Dreiecks *Hypothenuse „H"*. Daraus ergeben sich die folgenden Beziehungen zwischen den Seiten:

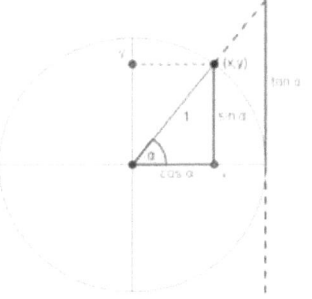

$$\sin(\alpha) = \frac{G}{H}\; ;\; \cos(\alpha) = \frac{A}{H}\; ;\; \tan(\alpha) = \frac{G}{A}$$

Mit dem *Satz des Pythagoras* ($a^2 + b^2 = c^2$) lässt sich im Falle eines Einheitskreises die Beziehung $\cos^2 + \sin^2 = 1$ herstellen.
Merke: All diese Regeln gelten nur, wenn das Dreieck einen rechten Winkel hat.

Im GTR rechnet man mit diesen Funktionen in *Radianten* (Zum Einstellen im GTR: Im „Run-Math" Menü auf Shift+Menu drücken, danach bei dem Unterpunkt „Angle" auf „Rad" stellen; zum Rechnen mit Gradzahlen einfach zurück auf „Deg" stellen). Hierbei ist zum Beispiel 2π gleich 360°, $0,5\pi$ sind 90° und so weiter.
Es gilt zum Beispiel: $\sin(2\pi)=0$; $\cos(0)=1$; $\sin(0,5\pi)=1$.

3 Regression

Beim Betrachten von Messwerten möchte man manchmal eine Annäherungskurve erstellen, die die Messreihe möglichst genau widerspiegelt. Eine Möglichkeit dazu ist, die Punkte, die man zuvor in ein Koordinatensystem eingetragen hat, durch eine Kurve frei Hand zu verbinden. Hier sollte jedem bewusst sein, dass diese Möglichkeit sehr ungenau ist.
Wir haben aber noch eine andere Möglichkeit, *Regressionen* (Kurvenannäherungen) durchzuführen: Im GTR kann man im STAT-Menü in „List 1" die gegebenen x-Werte eintragen und in „List 2" die dazu gehörenden y-Werte. Mit einem Klick auf „GRPH" (F1) und dann auf „GPH1" (F1) kann man sich die so erstellte Wertetabelle in einem Koordinatensystem anzeigen lassen, um schon einmal zu schauen, welche Funktionen für die Punkte aussagekräftig sein könnten. Hat man sich nun entschieden, kann man mit „CALC" (F2) → „REG" (F3) diverse Funktionsarten aussuchen, die auf die Punkte gelegt werden sollen. Wir wählen hier die Funktion aus, die wir uns gerade ausgesucht haben, zum Beispiel eine lineare Funktion („x"). Mit F6 → EXE können wir diese Funktion in den Grafikmodus des GTR kopieren. Um zu bewerten, wie gut

die eben erstellte Funktion die Punkte widerspiegelt, muss man sich im vorigen Menü den Unterpunkt „r^2 " anschauen, welcher ein Maß für die Güte der Näherung ist. Je näher dieser Wert an die 1 kommt, umso besser ist die Näherung!
Natürlich könnte man auch die Funktion an sich über die Punkte legen (Man lässt sich die Punkte in ein Koordinatensystem zeichnen (s.o.) und drückt dann auf „CALC" (F1) und auf die gewünschte Regressionsform) und dann schauen, wie gut die Funktion zu den vorhandenen Punkten passt und inwiefern sie als eine Voraussage über die Zukunft geeignet ist.
Aufgabenstellung, die die Beurteilung der Passgenauigkeit einer Funktion beinhalten sind abiturtypisch.

4 Differentialrechnung

Das Differenzieren (oder einfach *Ableiten*) stellt einen Hauptaspekt der Analysis dar. Die erste Ableitung f '(x) stellt hierbei die Steigung der Funktion f(x) in jedem Punkt x_0 dar, zieht theoretisch also eine Gerade, die die gleiche Steigung hat, wie die Funktion in einem bestimmten Punkt (*Tangente*) und berechnet dann ihre Steigung. So kann man beispielsweise *lokale Maxima* finden (Ein Punkt, in welchem die Funktion ihren zunächst größten Wert erreicht und unmittelbar rechts und links von diesem Wert die Werte, die f(x) annimmt kleiner als der Hochpunkt - bzw. größer als ein Tiefpunkt – sind), indem man guckt, wo die Steigung der Funktion gleich 0 ist. In diesem Punkt wären die Werte, die f(x) unmittelbar neben diesem Punkt einnimmt, nämlich entweder beide größer, oder beide kleiner als die Funktion in der **Extremstelle** (Hoch- oder Tiefpunkt).
Die Bedingung f '(x) = 0 nennt man **notwendige Bedingung**, da ohne sie eine Extremstelle gar nicht erst in Betracht käme. Um zu beweisen, dass es sich bei dem untersuchten Punkt wirklich um eine Extremstelle handelt, muss man gucken, ob die zweite Ableitung f "(x_0) ≠ 0 ist, um beispielsweise auszuschließen, dass die erste Ableitung durchgängig gleich null ist. Diese Prämisse nennt man **hinreichende Bedingung**. Man kann durch sie aber noch mehr sagen: ist f "(x_0) größer 0, so handelt es sich um einen Tiefpunkt, ist f "(x_0) kleiner 0, so ist die Stelle ein Hochpunkt.

Nochmal in kurz: **notwendig** für eine Extremstelle ist es, dass f '(x_0) = 0, **hinreichend** ist es, dass f "(x_0) ≠ 0. Grafisch würde die erste Ableitung einer Funktion f(x) womöglich so aussehen:

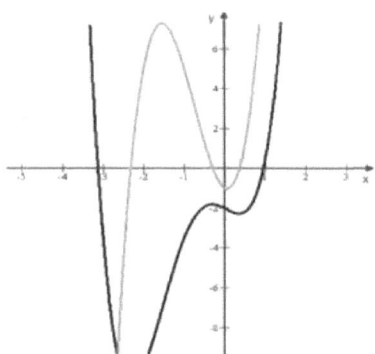

Der schwarze Graph ist hierbei die eigentliche Funktion f(x) und die graue Kurve ist die erste Ableitung der Funktion, nämlich f '(x).
An den Punkten, wo die Funktion f(x) eine Extremstelle hat, kreuzt f '(x) die x-Achse, ist also gleich 0.

Mittels dieser Ableitung kann man auch sogenannte **Wendepunkte** einer Funktion bestimmen, also die Punkte in denen die Steigung der Funktion ihren Extremwert erreicht. An dieser Stelle ändert die Funktion sozusagen ihre Richtung.
Für einen Wendepunkt ist **notwendig**, dass die erste Ableitung der Funktion eine Extremstelle hat, also die zweite Ableitung gleich null ist. Dementsprechend ist für Wendepunkte **hinreichend**, dass die dritte Ableitung der Funktion ungleich null ist.

Nun stellt sich aber zunächst die Frage: Wie leitet man eine Funktion überhaupt ab?
Haben wir es mit einer Summe aus x-Potenzen (*ganzrationale Funktion*) zu tun, so ist das ganze relativ

einfach mit der **Potenzregel** zu lösen. Für $f(x) = a \cdot x^n + c$ ist die Ableitung $f'(x) = n \cdot a \cdot x^{n-1}$. Der Exponent wird also sozusagen „runtergezogen" und vor das Produkt gestellt. Ein konstanter Faktor (hier a) wird dabei nicht berücksichtigt. Ist ein Summand eine Konstante, so fällt sie weg.
Daraufhin wird der Exponent an sich um eins vermindert (Leitet man eine Konstante ab, so erhält man 0). Dieses Prinzip funktioniert genauso bei Funktionen, die aus Brüchen bestehen, wie $f(x) = 1/x$, da man $1/x$ wie x^{-1} betrachten kann. Die Regel behält so ihre Gültigkeit. Die Ableitung von $1/x$ ist $-1/x^2$.
Generell folgen nun alle Funktionen $f(x)$ dieser Regel, aber es gibt einige Ausnahmen: die Ableitung von $\sin(x)$ ist $\cos(x)$, wenn man e^{2x} ableitet, erhält man $2e^{2x}$ und die Ableitung von $\ln(x)$ ist $1/x$. All diese Ausnahmen sind auf der Seite 55 des *Tafelwerks* nachzulesen.

Was machen wir nun aber, wenn wir auf eine komplexere Funktion treffen, als die eben angesprochenen, wie zum Beispiel $(2x+1)^{17}$, fällt es uns schwerer, eine Ableitung nach den uns gegebenen Regeln zu finden. Dafür gibt es aber noch weitere Regeln: Die **Summenregel**, die **Produktregel** und die **Quotientenregel**

- *Summenregel*: wenn $f(x) = a + b$, dann ist die erste Ableitung $f'(x) = a' + b'$. a und b werden also, sofern sie eine Summe sind, separat abgeleitet und haben keinerlei Einfluss aufeinander.
- *Produktregel*: wenn wir ein Produkt $f(x) = a \cdot b$ haben und beide Teile ein „x" enthalten, dann ist die erste Ableitung $f'(x) = a' \cdot b + a \cdot b'$. Man addiert also das Produkt aus der Ableitung des ersten Teils und dem zweiten Teil der Funktion mit dem Produkt aus der Ableitung des Zweiten Teils und dem ersten Teil der Funktion.
- *Quotientenregel*: Diese Regel baut auf der Produkt- und der Kettenregel auf, ist sozusagen eine Mischung aus beiden und ist schließlich aus ihnen herleitbar. Haben wir einen Bruch als Funktion, in welchem sowohl der Zähler als auch der Nenner „x" enthalten, so kommt diese Regel zum Tragen: Ist $f(x) = a/b$, so ist $f'(x) = (a'b - ab')/b^2$.

Jetzt, wo wir wissen, wir man händisch ableitet, wäre es doch praktisch zu wissen, wie und ob das auch mit dem GTR geht. Generell haben wir dazu zwei Möglichkeiten.
Die eine lässt uns den Graph zeichnen, die andere lässt uns einen Wert an einer bestimmten Stelle abfragen, womit ich auch beginnen möchte. Wollen wir einen ganz bestimmten Wert der 2. oder 1. Ableitung herausfinden, so gehen wir im „RUN-MAT"-Menü auf den Button „OPTN" und dann auf „CALC" (F4). Wollen wir die erste Ableitung einer Funktion bestimmen, wählen wir „d/dx" (F2), suchen wir die zweite Ableitung, nehmen wir „d²/dx² " (F3). In das erste quadratische, leere Kästchen können wir nun unsere Ur-Funktion f(x) eingeben, die abgeleitet werden soll und hinter dem Querstrich, nach dem „x = " können wir den Wert eingeben, an dem f(x) abgeleitet werden soll. Wir erhalten den Wert der Ableitung bei x.
Möchten wir sehen, wie die Ableitung einer Funktion aussieht, so können wir ins Graphik-Menü des Taschenrechners wechseln. Als Y1 tragen wir nun die Funktion f(x) ein. Auch in diesem Menü können wir nun wieder über „OPTN" → „CALC" auf die beiden Ableitungsarten zugreifen. Wenn wir eine ausgewählt haben, müssen wir nur noch „Y1" in die Klammern eintragen, da dort unsere Funktion hinterlegt ist. Nun müssen wir das ganze nur noch zeichnen lassen und wir sehen die Funktion und ihre Ableitung (Wenn man einen Graph gezeichnet hat, kann man nebenbei auch über „SHIFT" → „GSLV" (F5) die Extremstellen der Kurve über „MAX" bzw. „MIN" bestimmen).

Da wir nun wissen, dass die Ableitung die Steigung im Punkt x_0 angibt, können wir mittels der Ableitung nun auch die **Tangente** und **Normale** im Punkt x_0 bestimmen. Dazu wenden wir die gegebene Tangentengleichung an: $$f_t(x) = f'(x_0) \cdot (x - x_0) + y_0$$

Hierbei wird eine Gerade erstellt, die so verschoben wird, dass sie durch den Punkt ($x_0 \mid y_0$) geht. Diese Verschiebung geschieht in der Gleichung durch Addition von x_0 und y_0. Die Ableitung im Punkt x_0 gibt hier die Steigung im Punkt x_0 an.
Wollen wir nun eine **Normale** bilden (Steht senkrecht zur Tangente im Punkt x_0), so müssen wir $f'(x_0)$ in der Tangentengleichung durch $-1/f'(x_0)$ ersetzen.

5 Funktionsuntersuchung

Eine vollständige *Funktionsuntersuchung* (oder auch Kurvendiskussion) ist dafür da, um den Graph einer Funktion so genau wie möglich zu beschreiben und zu mathematisieren. Sie besteht generell aus 10 Schritten, welche ich im Folgenden beschreiben werde.

I. **Schnittpunkte mit den Achsen**

Zunächst rechnet man, um eine Kurvendiskussion durchzuführen, bei einer Funktion jeweils die Schnittpunkte mit der x- und der y-Achse aus (*Nullstellen*). Mathematisch bedeutet das, dass man an der Stelle y (bzw. x) = 0 den Wert, der auf der jeweils anderen Achse ist, berechnet.

<u>Schnittpunkt x-Achse</u>: Wenn wir wissen wollen, wann eine Funktion die x-Achse schneiden, müssen wir zuerst überlegen, welchen Wert die y-Achse in diesem Fall annimmt. Stellen wir uns das grafisch vor, sehen wir, dass die x-Achse in jedem Punkt einen y-Achsenabschnitt von 0 hat. Wir setzen also $f(x) = 0$, um diesen Schnittpunkt zu bestimmen (Bei $f(x) = 2x + 1$ rechnen wir $2x + 1 = 0$).

<u>Schnittpunkt y-Achse</u>: Um nun analog dazu einen Schnittpunkt mit der y-Achse zu bestimmen setzen wir $x = 0$ (Bei $f(x) = 2x+1$ rechnen wir mit $f(0) = 2 \cdot 0 + 1$ den y-Achsenabschnitt an der Stelle aus, wo die Funktion die y-Achse schneidet).

Merke: Es kann passieren, dass wir durch dieses Verfahren keine Lösung erhalten. Ist dies der Fall, so schneidet die Funktion die betroffene Achse einfach nicht (Beispiel: $x^2 + 1$ schneidet x-Achse nicht).

Die Nullstellen wird dann in der Form ($x_0 | y_0$) angegeben.

II. **Definitions- und Wertemenge**

Manche Funktionen sind nur für einen bestimmten Bereich definiert. Beispiel dafür ist $f(x) = \sqrt{x}$, wo es für $x < 0$ keine Lösung - im Bereich der reellen Zahlen - mehr gibt. Im *Definitionsbereich* wird nun angegeben, welche Werte für x eingesetzt werden können. Angegeben wird es generell in der Form $x \in \mathbb{R}_0^+$ (Element der positiven, reellen Zahlen inkl. 0) oder als Intervall-Schreibweise: $x \in [\,0\,;\,\infty\,]$
(das bedeutet, x kann alle Werte annehmen von einschließlich 0 bis ∞)

Die *Wertemenge* beschreibt wiederum die Werte, die y in der Funktion annehmen kann. Das Beispiel hier ist $f(x) = x^2$. Wir lernen nun eine weitere Schreibweise kennen, die *Mengenschreibweise* (Merke: alle drei Schreibweisen sind sowohl für Definitions- als auch für die Wertemenge gültig). Da x^2 nicht kleiner als 0 werden kann, aber sonst jedes Element der reellen Zahlen darstellen kann, schreiben wir: y ist also zwar Element der reellen Zahlen, kann aber nicht kleiner als 0 werden. $\{y \in \mathbb{R} \mid y \geq 0\}$

III. **Ableitungen bilden**

Mit den eben gelernten Regeln bilden wir die ersten drei Ableitungen und schreiben sie in der Form „f '(x) = " (Möglichst mit Rechenweg belegt) und für die beiden anderen entsprechend.

IV. **Extremstellen bestimmen**

Mit den gerade gebildeten Ableitungen können wir die Extremstellen berechnen (siehe Kapitel „Ableitung"). Die erste Ableitung muss hierfür gleich 0 sein und die zweite Ableitung in diesem Punkt ungleich 0 (notwendige und hinreichende Bedingung). Um zu bestimmen, um welche Art von Extremum es sich handelt, betrachten wir die zweite Ableitung an: Ist f "(x_0) größer 0, so ist die betrachtete Extremstelle ein Tiefpunkt, ist f "(x_0) kleiner 0, so ist die betrachtete Extremstelle ein Tiefpunkt. Die Extremstelle wird dann in der Form ($x_0 | y_0$) angegeben.

V. **Wendepunkte bestimmen**

Nun gucken wir, wo die 2. Ableitung 0 ist, setzen also f "(x_0) = 0 (notwendige Bedingung). Jetzt überprüfen wir, ob auch die dritte Ableitung in diesem Punkt ungleich 0 ist (hinreichende Bedingung). Ist der Fall, wird der errechnete Wendepunkt dann in der Form ($x_0 | y_0$) angegeben.

VI. Krümmungsverhalten untersuchen

Vor und hinter dem gerade bestimmten *Wendepunkt* hat die Kurve logischerweise verschiedene *Krümmungsarten*. Im Wendepunkt ändert sich ja die Richtung, in die die Funktion sich bewegt. Es gibt hierbei zwei Arten: Links- und Rechtskrümmung. Dazu

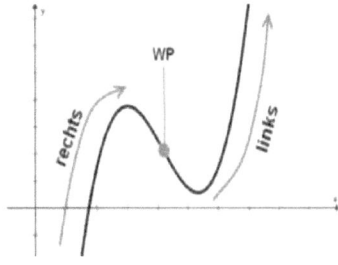

schauen wir uns zunächst den Bereich vor dem Wendepunkt an: Ist die zweite Ableitung in diesem Bereich kleiner null, so führt die Funktion dort eine *Rechtskurve* durch (f "$(x_0) < 0$). Ist die zweite Ableitung in dem Bereich größer null, so führt die Funktion entsprechend eine *Linkskurve* durch. Man kann sich das ganze vorstellen wir eine Autobahn: Eine Zeit lang fährt die Funktion links herum, führt also eine Linkskurve durch. Irgendwann schlägt die Richtung der Funktion jedoch um, und es entsteht ein Wendepunkt. Die rechts stehende Grafik verdeutlicht diesen Zusammenhang einprägsam.

VII. Verhalten im Unendlichen

Oftmals interessiert bei einer Kurvendiskussion, wie sich die Funktion mit fortschreitendem x entwickelt (bis zum Extremfall x = ∞). Hier können auch sogenannte *Asymptoten* auftreten (Eine Kurve, an die sich die Funktion mit x → ∞ immer weiter annähert).

Zuerst einmal schauen wir uns jedoch an, was passiert, wenn wir das Verhalten im Unendlichen einer normalen Gerade betrachten. Es könnte ungefähr so aussehen: $\lim f(x)=x; \ \lim f(x)=-x$

Wenn x gegen ∞ strebt, so strebt auch der Funktionswert f(x) gegen Unendlich. Andersherum, wenn wir das Verhalten gegen negativ Unendlich (-∞) betrachten, geht bei einer Geraden auch der Funktionswert gegen -∞.

LK: Nun gibt es aber auch Fälle (Wie zum Beispiel f(x) = 1/x, wo sich die Funktion anders verhält und nicht unendlich weiter strebt. In diesem Fall nähert sich einer Asymptote an (in diesem Fall der Asymptote mit der Funktion f(x) = 0). Hierbei sind 3 Fälle zu unterscheiden (mit f(x)=u/v):
- Der Grad (Wert des Exponenten) des Zählers u ist kleiner als der Grad des Nenners v: die x-Achse ist die Asymptote, an die sich die Funktion annähert. Der Funktionswert f(x) wird mit einem x, das gegen ∞ strebt, gleich 0.
- Der Grad des Zählers u ist gleich dem Grad des Nenners v: Eine Parallele zur x-Achse ist die Asymptote der Funktion f(x). Die Funktion dieser Asymptote kann man durch Polynomdivision von u/v bestimmen. Die Konstante, die neben dem restlichen Bruch übrig bleibt ist dann die Asymptotenfunktion (f(x) = c).
- Der Grad des Zählers u ist größer dem Grad des Nenners v: Die Asymptote ist irgendeine Funktion (Sei es eine Gerade, Parabel oder Hyperbel). Um sie zu bestimmen, führt man eine Polynomdivision mit u/v durch. Es bleibt ein Restbruch übrig und ein sogenannter *ganzrationaler* Teil. Gerade dieser ganzrationale Teil ist dann gleich der Asymptotenfunktion (z.B. f(x) = mx+b), also der Funktion, welcher sich die Funktion f(x) = u/v mit einem x, das gegen Unendlich strebt, annähert. Die nebenstehende Grafik zeigt diesen Sachverhalt.

VIII. Symmetrie

Nun wird geprüft, ob die Funktion Symmetrieeigenschaften besitzt. Dazu gibt es zwei verschiedene Arten: *Punkt-* und *Achsensymmetrie*, die unabhängig voneinander untersucht werden müssen:
- **Punktsymmetrie:** Über die Spiegelung an einem bestimmten Punkt (dem Ursprung (0|0) nämlich) lässt sich ein Teil der Funktion auf den anderen exakt abbilden, erzeugt also durch „Spiegelung" einen Funktionshälfte die selbe Funktion. Beispiel dafür ist $f(x) = x^3$. Man überprüft die Punktsymmetrie einer Funktion, indem man für x in der Funktion -x einsetzt und schaut, ob man die gleiche Funktion, nur mit einem negativen Vorzeichen erhält ($f(-x) = -f(x)$).
<u>Beispiel</u>: $f(x) = x^3 - x$; $f(-x) = (-x)^3 - (-x) = -(x^3 - x) = -f(x)$ => Die Funktion ist Punktsymmetrisch.

- **Achsensymmetrie:** Durch die Spiegelung an der y-Achse lässt sich die Funktion exakt auf sich selbst abbilden. Das heißt, wenn man die eine Hälfte an ihr spiegelt, so erhält man die andere. Beispiel dafür ist x^2. Die Achsensymmetrie einer Funktion überprüft man, indem man wieder -x als x in die Funktion einsetzt, aber nun guckt, ob die Funktion selbst dadurch entsteht ($f(-x) = f(x)$).
<u>Beispiel</u>: $f(x) = x^4 + x^2 - 2$; $f(-x) = (-x)^4 + (-x)^2 - 2 = x^4 + x^2 - 2 = f(x)$ => Die Funktion ist achsensymmetrisch.

IX. Monotonie

Steigt eine Funktion durchgehend, ohne jemals konstant oder abfallen zu sein, so heißt die Funktion *streng monoton steigend*. Ist die Funktion in einem Funktionsabschnitt konstant (Wie $f(x) = 1$) heißt sie nur *monoton steigend*.
Analog dazu gilt eine Funktion als *streng monoton fallend*, wenn eine Funktion durchgehend fällt und in keinem Punkt konstant ist.
Besitzt die erste Ableitung sowohl negative als auch positive Funktionswerte, so ist die Funktion weder monoton steigend, noch monoton fallend.

X. Den Graph zeichnen

Über das Grafikmenü des Taschenrechners kann man sich die Funktion anzeigen lassen (Für geeigneten Anzeigebereich: „SHIFT"+"V-WIN" (F3) und dann den gewünschten Bereich eintragen, oder man tippt „SHIFT"+ „ZOOM" (F2) + „AUTO" (F5)).

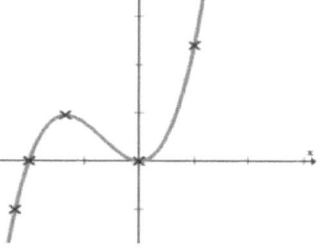

Danach geht man in den siebten Punkt im Hauptmenü „TABLE" und lässt sich die Funktionswerte für verschiedene x-Werte ausgeben. Mittels Kreuzchen kann man den Verlauf der Funktion dann skizzieren und schließlich eine Kurve dadurch ziehen. Das sieht dann beispielsweise so aus:

6 Funktionsscharen

Eine *Funktionsschar* (oder *Kurvenschar*) ist eine Menge verschiedener Kurven, die sich durch einen Parameter (eine Art Variable) unterscheiden. Dieser Parameter kann – wie x – unendlich verschiedene Werte annehmen und die Funktion auf alle nur erdenklichen Weisen verändern. Beispielsweise kann er so die Funktion in x- oder y-Richtung verschieben, sie strecken oder stauchen. Der Parameter erschafft also aus einer „Urfunktion" unendlich verschiedene, andere Funktionen.

Die nebenstehende Grafik zeigt diesen Sachverhalt für eine quadratische Funktion mit t = 1; 2; 3; 4. Man kann sich nun schon denken, dass diese vier Werte von t nicht alle Möglichkeiten an Funktionen abdecken (t kann in diesem Beispiel alle reellen Zahlen annehmen), aber es zeigt die Auswirkung von dem Parameter t.

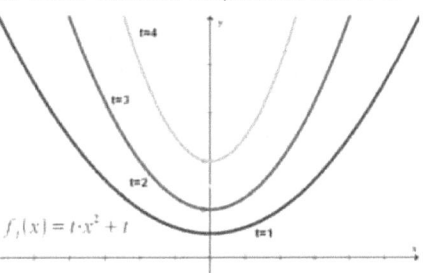

Auch mit einer Funktionsschar kann man nun eine Kurvendiskussion (Kapitel 5) durchführen, genauso wie mit einer „normalen" Funktion. Was man dabei zusätzlich beachten muss, ist, dass der Parameter sich beim Ableiten wie eine Konstante verhält.

Eine weitere Besonderheit, die eine Kurvenschar aufweisen kann, ist, wie man bei einer Kurvendiskussion sehr schnell merken wird, dass sie oftmals anstatt Zahlenwerte als Koordinaten für Extrem- und Wendestellen (falls vorhanden) auszugeben, Punkte in Abhängigkeit vom Parameter angeben. Diese Punkte lassen sich dann durch eine sogenannte **Ortskurve** darstellen, welche, durch das Einsetzen von irgendeinem Parameters die Extrem- oder Wendestellen für die Funktion, welche genau diesen Parameter enthält, ausgibt, je nachdem für was die Ortskurve berechnet wurde (Extremum oder Wendestelle). Im Folgenden werde ich eine vollständige Berechnung der Ortskurve einer Kurvenschar durchführen:

$$f_t(x) = x^2 + t \cdot x + 1, \quad t \neq 0$$

$\underline{Extrema}: \quad f'_t(x) = 2x + t = 0 \;\rightarrow\; x = -0,5t \quad // \, notwendige\ Bedingung$

$\qquad\qquad f''_t(-0,5t) = 2 \neq 0 \quad // \, hinreichende\ Bedingung$

$\qquad\qquad f_t(-0,5t) = 0,25t^2 - 0,5t^2 + 1 = -0,25t^2 + 1 \;\rightarrow\; P_{f_t,t=0}(-0,5t\,|-0,25t^2+1)$

$\underline{Wendepunkte}: \quad f''_t(x) = 2 \neq 0 \;\rightarrow\; keine\ Wendestellen$

$\underline{Ortskurve}: Extremum: \quad x = -0,5t \;\rightarrow\; t = -2x; \quad y = -0,25t^2 + 1 \quad // \, t\ in\ y\ einsetzen$

$\qquad\qquad \rightarrow\; y = -x^2 + 1 \quad // \, Ortskurve\ für\ die\ Extremstellen\ der\ Funktion\ f_t(x)$

Wir sehen, dass, nachdem wir die Koordinaten der Extremstelle bestimmt haben, wir nur den x-Achsenabschnitt des Punktes nach t auflösen müssen und dann als t in den y-Achsenabschnitt des Punktes einsetzen müssen, um auf die Ortskurve einer Kurvenschar zu kommen. Dieses Verfahren ist bei der Bestimmung jeder Ortskurve von Funktionsscharen gleich.

7 Integralrechnung

Manchmal möchte man berechnen, wie groß die Fläche ist, die eine Funktion in einem bestimmten Intervall einschließt, oder auch das Volumen, das bei der Rotation der Funktion um eine der Achsen entsteht. Dafür wurde die Integralrechnung entwickelt. Sie ist die **Umkehrrechnung der Ableitung** (Kapitel 4).

Grundsätzlich unterscheidet man zwischen zwei Arten von Integralen: einem *bestimmten* und einem *unbestimmten* Integral. Das bestimmte Integral ordnet in diesem Zusammenhang einem Intervall einer Funktion einen Flächeninhalt zu. Hierbei ist jedoch zu beachten, dass Funktionsteile, die unter der x-Achse liegen, auch als „negativer Flächeninhalt" zählt.

Das unbestimmte Integral beschreibt wiederum alle Funktionen, die abgeleitet wieder die selbe Funktion ergeben. Man spricht hier von *Stammfunktionen* und schreibt es wie folgt auf:

$$\int f(x)\,dx = F(x) + c$$

F(x) beschreibt in diesem Zusammenhang die Stammfunktion. Das „c" muss formal dazugeschrieben werden, da, wenn eine Konstante, die als Summand alleine steht, abgeleitet wird, sie wegfällt und das unbestimmte Integral beansprucht, alle Stammfunktionen darzustellen, die abgeleitet die Funktion f(x) ergeben.

Nähern wir uns nun erst einmal dem bestimmten Integral an und wie man es berechnen kann: Eine Möglichkeit ist es, unter die Kurve Rechtecke mit der Breite n einzuzeichnen und sie immer kleiner werden zu lassen, bis irgendwann unendlich viele Rechtecke in dem Intervall [a..b] sind. In diesem Zusammenhang tauchen die Begriffe *Ober-* und *Untersumme* auf. Bei der Untersumme U_n wird derjenige Funktionswert über dem Rechteck benutzt, der der in dem Bereich über dem jeweiligen Rechteck am kleinsten ist, bei der Obersumme O_n wird entsprechend der Funktionswert benutzt, der in dem Bereich über dem Rechteck am größten ist. Dieser Sachverhalt wird in der Grafik auf der rechten Seite gezeigt.

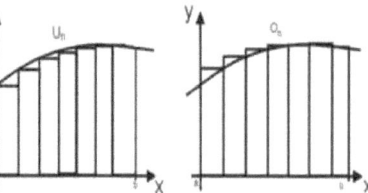

Vergrößert man nun die Anzahl der verwendeten Rechtecke bis ins Unendliche, macht ihre Breite also immer kleiner, bis sie beinahe 0 ist, so wird der Unterschied zwischen Ober- und Untersumme immer kleiner, bis sie identisch sind. Ist dies der Fall, so haben wir das bestimmte Integral für die Funktion in dem Intervall [a..b] gefunden. Die Breite h eines Rechtecks sind hierbei die Differenz der Intervallsgrenzen geteilt durch die Anzahl an Rechtecken. Mathematisch sieht das so aus:

$$\lim_{n \to \infty} \sum_{i=1}^{n} \frac{b-a}{n} \cdot f(x_i) = \int_{a}^{b} f(x)\,dx$$

Die Summe aller Funktionswerte multipliziert mit der Breite eines Rechtecks ergibt das bestimmte Integral der Funktion von a nach b. Wir bestimmen also den Flächeninhalt eines jeden Rechtecks und addieren die so errechneten Werte dann. Das ist die Definition des bestimmten Integrals.

Das bestimmte Integral lässt sich nun mit dem GTR einfach berechnen: Man tippt im „RUN-MAT"-Menü auf „OPTN", dann auf „CALC" (F4) und dann auf das Integralsymbol „Sdx" (F4). Nun können wir die Grenzen des Intervalls angeben, in dem der Flächeninhalt berechnet werden soll und die Funktion an sich. Schließlich sieht das ganze dann wie auf der rechten Seite dargestellt aus:

$$\int_{a}^{b} f(x)\,dx$$

Wie kann man das ganze aber händisch berechnen? Genauso wie beim Ableiten gibt es auch hier eine Grundregel, die angewendet werden kann: Man erhöht den Exponenten um 1 und teilt das Ergebnis durch den so entstandenen Exponenten. Das unbestimmte Integral von a^n ist also $a^{n+1}/(n+1) + c$. Leitet man diesen Term dann ab, erhält man die „Urfunktion". Aber hier gibt es – wie sollte es sonst sein – auch einige Ausnahmen (nachzulesen auf S. 59 des *Tafelwerks*): Das Integral von

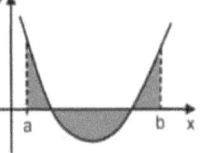

1/x ist so beispielsweise ln(x). Des Weiteren gelten die gleichen Regeln wie für Ableitungen: Ein konstanter Faktor wird beibehalten (**Faktorregel**) und bei einer Summe wird jeder Teil einzeln integriert (**Summenregel**). Versucht man, ein Integral mit einem Intervall, das aus einer Zahl besteht ([a..a]), zu bilden, ergibt das bestimmte Integral 0. Das Integral von b nach a ist außerdem das negative Integral von a nach b.

Will man nun wirklich die ganze **Fläche** berechnen, die die Funktion einschließt (Merke: eine Fläche kann nicht negativ sein; ein Integral bildet jedoch auch negative „Flächen"), so darf man nur den Betrag der Funktion betrachten. Dazu berechnet man zunächst die Nullstellen der Funktion Und berechnet anschließend die verschiedenen so neu entstandenen Intervalle einzeln und als Betrag (+ und – sind egal, es zählt nur der Zahlenwert). Zum Schluss bildet man dann noch die Summe aus diesen ganzen Integralen.

Manchmal wird auch gefordert, dass man die **Fläche zwischen zwei Graphen** berechnen soll. Dazu zieht man einfach die Fläche des flächenmäßig kleineren von der des flächenmäßig größeren Graphen ab. Durch Umformen kommt man dafür auf $\int_a^b (f(x) - g(x)) \, dx$

Man bildet also die Differenz der Funktionen von den beiden Graphen, um so die Fläche zwischen ihnen zu berechnen.

Eine weitere Möglichkeit, die Integralrechnung anzuwenden, ist es, eine Funktion um eine der Achsen **rotieren** zu lassen. Auch das lässt sich mit einem Integral berechnen. Bei Rotation um die x-Achse rechnet man $\pi \cdot \int_a^b f(x)^2 \, dx$; bei Rotation um die y-Achse bildet man die Umkehrfunktion von f(x), indem man nach x auflöst und dann x und y vertauscht und setzt sie als f(x) in die obige Funktion ein.

Außerdem lässt sich das Integral bei der Bestimmung des **Mittelwertes** einer Funktion einsetzen. Wir wissen nun, dass wir einen Mittelwert generell berechnen, indem wir alle Werte addieren und zum Schluss durch die Anzahl der Werte teilen. Durch den bei Ober- und Untersumme bereits erwähnten Zusammenhang zwischen Summe und Integral, können wir nun ganz einfach weiter rechnen und den Mittelwert einer Funktion durch ein Integral angeben:

$$\bar{m} = \frac{1}{a-b} \cdot \int_a^b f(x) \, dx$$

Natürlich kann auch hier die Zeit kommen, wo wir und auch unser Taschenrechner nicht mehr weiter weiß. Dazu gibt es weitere Integrationsregeln, die ich im Folgenden aufzählen werde:

● **LK:** { **Partielle Integration** (auch *Produktintegration*): Damit es sinnvoll ist, diese Rechenregel anzuwenden, muss ein Produkt vorhanden sein, wobei beide Faktoren die Funktionsvariable x enthalten. Den einen Faktor nennt man daraufhin u und den anderen v. Nun wird der eine Faktor als Ableitung betrachtet (u'; betrachtet, nicht wirklich gemacht!) und der andere als normaler Funktionsteil. Wozu wird sich gleich zeigen. Die Regel dazu lautet: integriert man das Produkt aus einem abgeleitetem Faktor und einem normalen Faktor, ergibt sich das Produkt von u und v minus das Integral von der Ableitung des anderen Teils als vorher, multipliziert mit der Stammfunktion des zuvor als abgeleiteter Teil betrachtetem Faktor. Als Formel heißt das $\int uv' \, dx = uv - \int u'v \, dx$

Es zeigt sich nun, dass es Sinn macht, den Teil „u" so zu wählen, dass er durch Ableiten möglichst wegfällt oder zumindest vereinfacht wird, sodass sich die *partielle Integration* lohnt. }

- **Integration durch lineare Substitution:** Hier werden Teile des zu integrierendem Begriffs durch andere Integrationsvariablen ersetzt (*substituiert*), wodurch das Integral vereinfacht und schließlich auch gelöst werden soll. Grundlage für dieses Verfahren ist die bereits aus dem Ableiten bekannte *Kettenregel*.

Dieses Verfahren zielt auf Funktionen der Form f (g(x)) ab, also Funktionen, die einen inneren und einen äußeren Teil haben. Der innere Teil muss bei der *linearen Substitution* (wie der Name schon sagt), hierbei eine lineare Funktion der Form mx + c sein. Die Funktion sieht also wie folgt aus: f(mx+c).

Integriert man diese Funktion, so erhält man die Stammfunktion von f („groß F"), die innere Funktion bleibt gleich. Nur der Faktor m wird noch herausgezogen. Wir erhalten (1/m)*F(mx+c). Ein Beispiel dazu:

$$f(g(x)) = \sin(3x+8); \quad f'(g) = \sin(g); \quad g(x) = 3x+8$$
$$F(g) = -\cos(g); \quad g'(x) = 3 \;\rightarrow\; \int \sin(3x+8) = -\frac{1}{3}\cos(3x+8)$$

$$\textit{Allgemein} \quad \int f(g(x)) = \frac{1}{g'(x)} \cdot F(g(x))$$

Wir sehen, dass, wenn wir eine Funktion integrieren wollen, die sich in einen äußeren und einen inneren Teil aufteilen lässt, sich allgemein ein Produkt aus einem Bruch mit der Ableitung des Inneren Teils als Nenner als ein Faktor und der Stammfunktion des äußeren Teils mit einem unveränderten inneren Teil als anderer Faktor ergibt.

LK: Uneigentliche Integrale: Bei uneigentlichen Integralen geht eine der Intervallsgrenzen gegen Unendlich. Dies kann der Fall sein, weil sich die Funktion mit größer werdendem x der x-Achse annähert (1/x).

Ein uneigentliches Integral berechnet man nun, indem man zuerst unendlich durch einen Platzhalter (hier „b") ersetzt, weil man mit Unendlich an sich nicht weiter rechnen könnte. Dann bestimmt man die Stammfunktion. Den Wert, den das bestimmte, uneigentliche Integral hat, rechnet man nun aus, indem man die Differenz von dem Integral von 0 bis zur oberen und dem Integral von null bis zur unteren Grenze bildet und dann für b den Grenzwert für x → ∞ ermittelt:

$$\int_{1}^{x} f(x)\,dx = [F(b)] - [F(1)]; \quad \lim_{b \to \infty}(F(b) - F(1)) = c$$

8 Extremwertprobleme

Es gibt einige Aufgabenstellungen, bei denen man unter Verwendung von Funktionswerten der Ableitungen eine Funktion aufstellen muss (manchmal sogar noch den Grad erraten).

Zum Beispiel soll man so eine Straße konstruieren, die *knickfrei* an die bereits vorhandenen Straßen anschließt. Wir haben nun bereits durch die Aufgabenstellung zwei Punkte gegeben, durch die die Funktion verlaufen muss (Ende der einen, Anfang der anderen Straße). Weiterhin haben wir die Steigung m der Geraden (Straßen), an die unsere Funktion *knickfrei* anschließen soll. Wir wissen also, dass in diesen Punkten die Steigung unserer zu modellierenden Funktion gleich der Steigung der Geraden sein soll.

Schließlich haben wir also 4 Punkte gegeben, womit wir eine Funktion dritten Grades (ax³+bx²+cx+d) modellieren können, da diese 4 Parameter besitzt, die so bereits ausgerechnet werden können.

Ein weiteres Beispiel der Anwendung von Extrema ist zu gucken, bei welchen Abmessungen etwas minimal oder maximal wird. So soll zum Beispiel geguckt werden, wo eine rechteckige Koppel den geringsten Umfang hat (also wenig Material wie möglich benutzen), während sie einen festgelegten Flächeninhalt hat. Wir stellen dann die Gleichung für Flächeninhalt (A = a*b) und für den Umfang (U = 2*a+2*b) auf, stellen den Flächeninhalt so um, dass der eine Parameter in Abhängigkeit von dem anderen da steht und setzen ihn dann in die Gleichung für den Umfang ein. Um das Minimum zu erhalten, müssen wir die Umfangsgleichung ableiten und anschließend gleich 0 setzen. Die Größe die dabei errechnet wird, setzen wir zum Schluss nochmal in die Beziehung des Flächeninhalts ein und erhalten die beiden Seitenlängen des Rechtecks.

Lineare Algebra

1 Lineare Gleichungssysteme

Sogenannte lineare Gleichungssysteme bestehen aus n verschiedenen linearen Gleichungen (Daher auch der Name), die jeweils aus einer Summe von Parametern in Kombination mit einer Variablen haben.

Damit sie eindeutig lösbar sind, müssen mindestens so viele Gleichungen wie Parameter vorliegen, ansonsten können wir die verschiedenen Parameter nur in Abhängigkeit von einem anderen Parameter darstellen.

Betrachten wir nun ein Beispiel, bei dem es funktioniert:
$$6x + 12y = 30$$
$$3x + 3y = 9$$

Die Lösung dieses Gleichungssystem ist nun relativ einfach: Wir stellen die obere Gleichung so um, dass wir x ohne jeden Faktor und in Abhängigkeit von y haben (x=5-2y) und setzen dieses x dann in die untere Gleichung ein, um y zu berechnen. Es ergibt sich eine Lösungsmenge von L={x=1; y=2}.

Betrachten wir nun ein wenig komplizierteres Beispiel, bei welchem wir zu anderen Hilfsmitteln greifen müssen:
$$6x_1 + 4x_2 - 2x_3 = 2$$
$$2x_1 - 2x_2 + 4x_3 = -2$$
$$4x_1 - 2x_2 + 4x_3 = 0$$

Zur Lösung dieses Gleichungssystems verwenden wir nun das sogenannte *Gauß-Verfahren,* das ich im folgenden beispielhaft erklären werde.

Im Folgenden wird die 1. Gleichung nun als Gleichung I bezeichnet, die zweite als II und die dritte als III.

Das Zwischenziel des Gauß-Verfahrens ist es nun, das lineare Gleichungssystem in eine *Dreiecksform* zu bringen, also eine Form bei der in Gleichung I noch 3 Parameter vorhanden sind, in II noch 2 und in Gleichung III nur noch ein Parameter. In dieser Form lässt sich das lineare Gleichungssystem ganz einfach durch einsetzen lösen.

Wie kommen wir aber auf diese Form?

Zuerst möchten wir immer den Parameter, der vorne steht, los werden. Dazu rechnen wir Gleichung III minus Gleichung I (Mit einem Faktor so modifiziert, dass der Faktor von beiden x_1 gleich ist) und machen das gleiche mit II und I:
$$3 \cdot III - 2 \cdot I \to 0 \cdot x_1 - 14 \cdot x_2 + 16 \cdot x_3 = 4$$
$$3 \cdot II - I \to 0 \cdot x_1 - 10 \cdot x_2 + 14 \cdot x_3 = -8$$

Anschließend möchten wir noch das x_2 aus Gleichung III los werden, damit die Gleichung in der Dreiecksform dasteht. Dazu subtrahieren wir Gleichung 2 von Gleichung 3, wieder in der Form mit einem Faktor modifiziert, dass nach diesem Rechenschritt das x_2 aus Gleichung III wegfällt. Wir rechnen:
$$7 \cdot III - 5 \cdot II \to 0x_2 + 18x_3 = -36 \quad \to \text{Dreiecksform:}$$

$$6x_1 + 4x_2 - 2x_3 = 2$$
$$-10x_2 + 14x_3 = -8$$
$$18x_3 = -36$$

Um es vollständig zu lösen, bestimmen wir nun also x_3, setzen es in Gleichung II ein, bestimmen so x_2 und setzen diese beiden Werte dann in Gleichung I ein, um x_1 zu bestimmen. Für das lineare Gleichungssystem, das uns vorliegt, ergibt sich so die Lösungsmenge L={1;-2;-2}.

Natürlich haben wir auch hier die Möglichkeit, ein lineares Gleichungssystem mit dem GTR zu lösen: Dafür gehen wir in das „EQUA" Menü und gehen auf „Lin Gleichungssystem" (F1). Dort können wir die Anzahl unserer Unbekannten eingeben. Anschließend kommen wir in ein Menü, wo wir die Faktoren, die in den drei Gleichungen verwendet wurden, eingeben können. Haben wir das getan, drücken wir „EXE" und uns werden die Lösungen für die verschiedenen Unbekannten angezeigt.

Allgemein lassen sich lineare Gleichungssysteme in zwei Typen unterscheiden: *homogene* und *inhomogene*. Homogene Gleichungssysteme haben als Lösung der Gleichungen (Die Zahl rechts vom „=") nur Nullen. Inhomogene Gleichungssysteme haben als Lösung der Gleichungen beliebige Zahlen.

Die Lösungsmenge von inhomogenen Gleichungssystemen kann nun drei Formen annehmen: eine leere Menge, wenn das Gleichungssystem keine Lösung hat, eine Lösungsmenge, die aus einem Zahlentripel besteht (3 Zahlen) und eine Lösung, die aus vielen Zahlentripeln besteht (Darstellung in Abhängigkeit von einem Parameter).

Bei homogenen Gleichungssystemen ist es nun so, dass es immer mindestens eine Lösung gibt (die triviale Lösung {0;0;0}), oder unendlich viele in Abhängigkeit von einem Parameter. Das ist so, weil man die triviale Lösung überall einsetzen kann und es wird immer 0 ergeben, da ein Faktor mit 0 multipliziert immer 0 ist. Es gibt jedoch keine einfache Lösung (wie z.B. {1;2;3}), da bei so einer Lösung immer auch alle Vielfache dieser Lösungsmenge als Lösung gelten (Wir erinnern uns: Ein Faktor mit 0 multipliziert ergibt 0).

2 Vektoren

In der Mathematik unterscheidet man zwischen einem Skalar und einem Vektor. Während ein Skalar nur ein reiner Zahlenwert ist, wird einem Vektor neben einem Zahlenwert auch eine Länge und eine Richtung zugeordnet. Man stellt ihn in Form eines Pfeils dar. Ein Vektor hat jedoch keinen festgelegten Anfangspunkt, er lässt sich also beliebig im Raum verschieben. Seine Richtung und Länge darf dabei jedoch nicht verändert werden (*Parallelverschiebung*). Ein Vektor wird notiert, indem man ihm einen Namen gibt und einen Pfeil über ihm zieht: Zum Beispiel könnte man dafür (wie bei einer Strecke) den Anfangs- und den Endpunkt hintereinander schreibt, und einen Pfeil über ihnen ziehen.
Vektoren lassen sich nun auch addieren. Grafisch sähe das wie folgt aus:

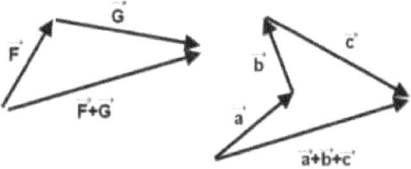

Wir sehen, dass, wenn wir 2 oder mehr Vektoren addieren, so setzen wir sie praktisch aneinander. Der Additionsvektor wird dann vom Anfangspunkt zum Endpunkt dieser Vektorenkette gezogen.
In diesem Zusammenhang lässt sich der Begriff des *Gegenvektors* einführen. Der Gegenvektor hat zwar genau die gleiche Länge wie der Vektor an sich, aber die entgegengesetzte Richtung. Addiert man diese beiden Vektoren, so heben sie sich gegenseitig auf, ergeben den *Nullvektor*.

Wollen wir nun den *Betrag* (die Länge) eines Vektors a (dreidimensional) bestimmen, so rechnen wir:

$$\vec{a} = \begin{pmatrix} a_0 \\ a_1 \\ a_2 \end{pmatrix}; \quad |\vec{a}| = \sqrt{a_0^2 + a_1^2 + a_2^2}$$

Manchmal stößt man in diesem Zusammenhang auch auf den *Einheitsvektor*. Er hat einen Betrag von 1 und wir in der Geometrie oft als Maß für die Länge beispielsweise einer Seite in der Form „9 Einheitsvektoren lang" zum Beispiel benutzt.

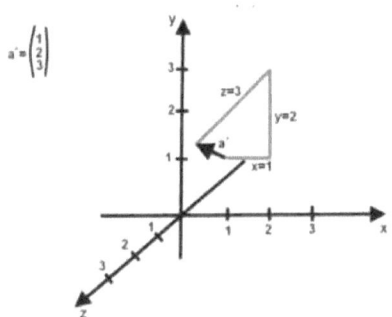

$$\vec{a} = \begin{pmatrix} 1 \\ 2 \\ 3 \end{pmatrix}$$

Diese Vektoren lassen sich nun auch in ein Koordinatensystem eintragen. Dabei werden sie in der Form (x,y,z) behandelt und so auch eingetragen: Der x-Wert wird auf die x-Achse getragen, der y-Wert auf die y-Achse und der z-Wert auf die z-Achse. Wollen wir einen Endpunkt bestimmen und haben den Anfang des Vektors und den Vektor selbst gegeben, so lässt sich dieser Punkt ganz einfach durch Addition des Startpunktes und des Vektors (Der Startpunkt ist hierbei auch praktisch ein Vektor, er geht jedoch von 0 bis zu dem Punkt) bestimmen.

Was lässt sich nun aber mit Vektoren machen? Wir haben zunächst feste Rechenregeln, die wir bei der Addition und Multiplikation von Vektoren beachten müssen:

$$\vec{a} = \begin{pmatrix} a_0 \\ a_1 \\ a_2 \end{pmatrix}; \quad \vec{b} = \begin{pmatrix} b_0 \\ b_1 \\ b_2 \end{pmatrix}; \quad \vec{a} - \vec{b} = \begin{pmatrix} a_0 - b_0 \\ a_1 - b_1 \\ a_2 - b_2 \end{pmatrix}; \quad \vec{a} \cdot \vec{b} = \begin{pmatrix} a_0 \cdot b_0 \\ a_1 \cdot b_1 \\ a_2 \cdot b_2 \end{pmatrix}$$

Wir sehen: Es werden einfach die einzelnen Achsenabschnitte miteinander verrechnet (Multiplizieren wir einen Skalar mit einem Vektor, wird der Skalar mit jedem einzelnen Achsenabschnitt multipliziert.

Nun haben wir aber auch die Möglichkeit, geometrische Probleme mit Vektoren zu lösen. So lassen sich die Längen und Koordinaten von beispielsweise Seitenhalbierenden oder Diagonalen zunächst vektoriell darstellen und so auch berechnen:

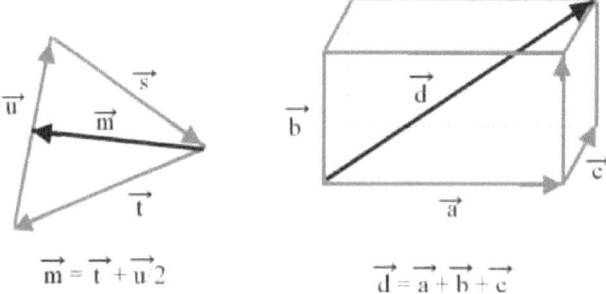

$$\vec{m} = \vec{t} + \vec{u} \cdot 2 \qquad\qquad \vec{d} = \vec{a} + \vec{b} + \vec{c}$$

Lineare Abhängigkeit: Zwei Vektoren sind voneinander unabhängig, wenn sich der eine durch den anderen nicht ausdrücken lässt (Zum Beispiel durch Multiplikation von Faktoren). Ansonsten sind sie voneinander abhängig.
Drei Vektoren sind voneinander unabhängig, wenn sich ein Vektor nicht durch Addition und Multiplikation mit Faktoren ausdrücken lässt. Um das zu überprüfen, stellen wir das folgende lineare Gleichungssystem auf:

Ergibt sich nur eine Lösung (triviale Lösung), so sind die Vektoren voneinander unabhängig, sie lassen sich also nicht durcheinander ausdrücken. Gibt es jedoch unendlich Lösungen, so sind die Vektoren linear abhängig, lassen sich also durch einander ausdrücken.

$$r \cdot \begin{pmatrix} a_0 \\ a_1 \\ a_2 \end{pmatrix} + s \cdot \begin{pmatrix} b_0 \\ b_1 \\ b_2 \end{pmatrix} + t \cdot \begin{pmatrix} c_0 \\ c_1 \\ c_2 \end{pmatrix} = 0$$

Zur linearen Abhängigkeit lässt sich weiterhin sagen, dass im zweidimensionalen maximal 2 Vektoren voneinander unabhängig sein können und im dreidimensionalen maximal 3.

Parametergleichung: Auch lineare Funktionen lassen sich durch Vektoren ausdrücken. Dazu wird ein Vektor zunächst durch einen Stützvektor verschoben (Der auf einen beliebigen Punkt der Gerade zeigt) und dann wird diesem Vektor (*Richtungsvektor*) ein Parameter als Faktor gegeben, sodass er auf jeden Punkt der Gerade zeigen kann.

Will man nun kontrollieren, ob ein Punkt auf dieser Geraden liegt, setzt man ihn als f:x ein und guckt, ob durch einsetzen von irgendeinem r dieser Punkt Funktionswert erreicht werden kann.

Im Allgemeinen können Gerade nun 3 verschiedene Beziehungen zueinander haben: sie können entweder *parallel, identisch, windschief* (später mehr) oder einen *Schnittpunkt* haben.

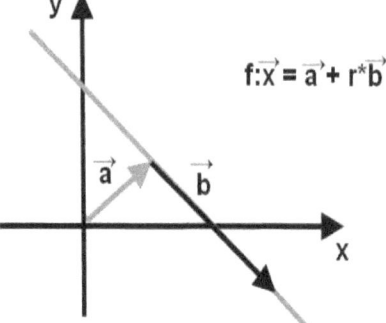

$$f:\vec{x} = \vec{a} + r*\vec{b}$$

Für **Parallelität** oder **Identität** zweier Geraden muss Folgendes erfüllt sein: Die Richtungsvektoren sind linear abhängig (lassen sich also durcheinander ausdrücken).
Zeigt nun auch noch der Stützvektor (in diesem Fall a) der Gerade 1 auf die Gerade 2, so handelt es sich um identische Geraden. Ist dies nicht der Fall, so sind die Geraden parallel.

Um zwei **windschiefe** Geraden zu haben, muss Folgendes erfüllt sein: Die Richtungsvektoren sind linear unabhängig, lassen sich also nicht durcheinander ausdrücken und die beiden Geraden haben keinen gemeinsamen Punkt (Schnittpunkt).

Für zwei Geraden zu haben, die sich **schneiden**, muss Folgendes gegeben sein: Die beiden Richtungsvektoren sind linear unabhängig und die beiden Geraden haben darüber hinaus noch einen gemeinsamen Punkt.

Um nun zu kontrollieren, in welcher Relation die beiden zu überprüfenden Geraden stehen, setzt man die beiden einfach gleich. Dieses verfahren nennt sich *Punktkontrolle*, da man hierbei überprüft, ob die beiden Geraden gemeinsame Punkte haben:

$$f : \vec{x} = g : \vec{x}$$
$$\vec{a}_1 + r\cdot\vec{b} = \vec{a}_2 + s\cdot\vec{c}$$

Sind die Geraden nun identisch, ergibt die Punktkontrolle logischerweise unendlich Lösungen, da jeder Punkt der einen Gerade auch auf der anderen Gerade vorhanden ist.
Haben wir einen Schnittpunkt, so ergibt sich aus der Punktkontrolle genau eine Lösung, nämlich der Punkt, in dem sich die beiden Geraden schneiden.
Ergibt die Punktkontrolle jedoch keine Lösung, so sind die Geraden entweder Parallel oder windschief, haben also keinen gemeinsamen Punkt. Um das näher zu überprüfen, muss man gucken, ob die Richtungsvektoren linear abhängig sind. Falls ja, sind die Geraden parallel, falls nein sind die Geraden windschief zueinander.

In diesem Kontext lässt sich nun auch der Begriff des „Geradenbüschel" einführen. Ein solches *Geradenbüschel* schneidet sich in einem Punkt, hat jedoch Grundverschiedene Steigungen. Dazu machen wir aus dem Richtungsvektor einen variablen Vektor (also unbestimmt) und den Rest lassen wir so, wie es war.

Skalarprodukt: Mit diesem Werkzeug aus der Vektorrechnung kann man Winkel zwischen zwei Vektoren berechnen (Und da man Vektoren parallel verschieben kann auch zwischen den Richtungsvektoren von Geraden). Es heißt Skalarprodukt, weil wir hier nur mit Skalaren rechnen.

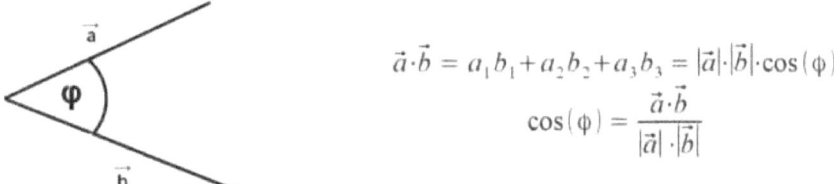

$$\vec{a} \cdot \vec{b} = a_1 b_1 + a_2 b_2 + a_3 b_3 = |\vec{a}| \cdot |\vec{b}| \cdot \cos(\varphi)$$

$$\cos(\varphi) = \frac{\vec{a} \cdot \vec{b}}{|\vec{a}| \cdot |\vec{b}|}$$

Stehen die beiden Vektoren nun senkrecht aufeinander, so ist der Kosinus gleich Null. Sind die beiden Richtungsvektoren linear abhängig, so ist der Kosinus gleich 1.
Wir haben also ein Werkzeug mit dem wir *Normalenvektoren* bestimmen können (ein Vektor, der senkrecht auf einem anderen steht).

LK: Vektorprodukt (Auch Kreuzprodukt): Wollen wir nun einen Vektor bestimmen, der senkrecht auf 2 Vektoren zur gleichen Zeit steht, haben wir das sogenannte Vektorprodukt als Werkzeug. Das resultierende Vektorprodukt ist dann selbst ein Vektor – der *Normalenvektor* nämlich.

$$\vec{a} \times \vec{b} = \begin{pmatrix} a_1 \\ a_2 \\ a_3 \end{pmatrix} \times \begin{pmatrix} b_1 \\ b_2 \\ b_3 \end{pmatrix} = \begin{pmatrix} a_2 b_3 - a_3 b_2 \\ a_3 b_1 - a_1 b_3 \\ a_1 b_2 - a_2 b_1 \end{pmatrix}$$

So können wir zum Beispiel den Normalenvektor einer Ebene berechnen (nächstes Kapitel).

3 Ebenen

Neben Geraden lassen sich durch Vektoren auch *Ebenen* darstellen, also unbegrenzt ausgedehnte, zweidimensionale Objekte. Eine Ebene ist durch einen *Stützvektor* (siehe Kapitel 2) und 2 Spannvektoren (Wie Richtungsvektor bei Geraden) eindeutig bestimmt, es gibt also keine andere Ebene, die die gleichen Eigenschaften hat.

Allgemein lassen sich Ebenen nun in drei Arten mathematisch darstellen: der *Parameterform*, der *Normalenform* und der *Koordinatenform*.

Eine Ebene in der **Parameterform** wird wie folgt dargestellt:

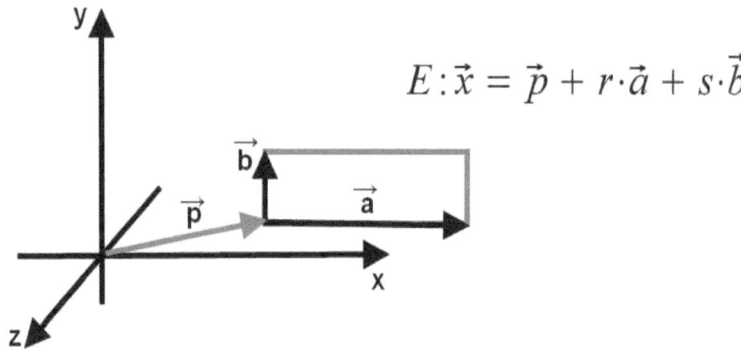

$$E : \vec{x} = \vec{p} + r \cdot \vec{a} + s \cdot \vec{b}$$

Man sieht, diese Art der Darstellung hat den Umstand, dass eine Ebene durch einen Stützvektor und 2 Spannvektoren eindeutig bestimmt ist.

Eine weitere Form der mathematischen Darstellung ist die **Normalenform**. Für diese Gleichung muss zuerst die Normale der Ebene durch das Kreuzprodukt (Kapitel 2) bestimmt werden. Da in dieser Form auch die beiden Spannvektoren (über das Vektorprodukt) enthalten sind, ist auch sie eindeutig.

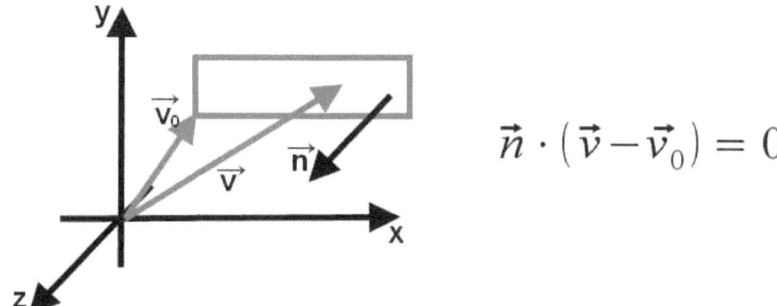

$$\vec{n} \cdot \left(\vec{v} - \vec{v}_0 \right) = 0$$

Die Normale ist hierbei – wie bereits gesagt – das Kreuzprodukt der beiden Spannvektoren der Ebene. Der Vektor v_0 zeigt auf einen bekannten, festen Punkt der Ebene, ist sozusagen der Stützvektor (S. Kapitel 2) von ihr. Vektor v ist nun sozusagen die Variable der Gleichung. In sie setzt man einen Vektor (Oder Punkt) ein, um zu schauen, ob er sich auf der Ebene befindet. Dies ist der Fall, wenn die Gleichung dadurch aufgeht.

Schlussendlich existiert noch eine Form der Ebenengleichung: die **Koordinatenform**. Auch bei ihr spielt die Normale eine entscheidende Rolle, da sie den Faktor einer jeden Koordinate ausmacht. In dieser Form treten die Vektoren jedoch in Skalaren auf, sind also in ihre Einzelteile aufgeteilt.

$$\vec{n} = \begin{pmatrix} n_1 \\ n_2 \\ n_3 \end{pmatrix}: \quad n_1 x_1 + n_2 x_2 + n_3 x_3 = d$$

Auch hier wird zuerst die Normale bestimmt, indem wir das Kreuzprodukt der beiden Spannvektoren bilden. Die einzelnen Koordinaten der Normale werden dann jeweils mit Variablen multipliziert, welche jeden Punkt einer Ebene repräsentieren sollen. Um „d" nun zu bestimmen, setzen wir einen gegebenen Punkt in die Gleichung ein und gucken, was dabei rauskommt.

„d" und die Normale sind bei dieser Form die Konstanten. Um zu überprüfen, ob ein Punkt oder Vektor auf der Ebene liegt, setzen wir ihn als „x" ein.

Gegenseitige Lage von Gerade und Ebene: Eine Gerade und eine Ebene können nun in folgenden Beziehungen zueinander stehen: sie können parallel sein, sich schneiden oder die Gerade liegt auf der Ebene (Identität).

Falls die Normalenvektor der Ebene und der Richtungsvektor der Gerade ein Skalarprodukt (Kapitel 2) von 0 (stehen senkrecht aufeinander) haben und unendlich gemeinsame Punkte haben (*Punktprobe*; Kapitel 2), so liegt die Gerade auf der Ebene (**Identität**). Haben die Gerade und die Ebene keinen gemeinsamen Punkt, so ist die Gerade **parallel** zu der Ebene.

Haben der Normalenvektor und und der Richtungsvektor der Gerade ein Skalarprodukt von ungleich null, so schneiden sich die beiden (**Durchstoßpunkt**). Der Durchstoßpunkt wird bestimmt, indem wir die Geradengleichung und die Ebenengleichung gleichsetzen (Punktkontrolle). Den Schnittwinkel α, unter welchem sich Gerade und Ebene schneiden, berechnet man, indem man den Schnittwinkel des Normalenvektors und dem Richtungsvektor der Gerade von 90° abzieht.

Ein beliebtes Anwendungsbeispiel zu der gegenseitigen Lage von Gerade und Ebene ist die Berechnung von Schatten auf Gebäuden.

Gegenseitige Lage von zwei Ebenen: Sind die Normalenvektoren der beiden Ebenen linear abhängig und die beiden Ebenen haben unendlich gemeinsamen Punkte (Punktkontrolle), so sind **identisch**.Haben sie keinen gemeinsamen Punkt, so sind die beiden Ebenen **parallel**.

Falls die Normalenvektoren der beiden Ebenen linear unabhängig sind, **schneiden** sich die beiden. Daraus entsteht eine sogenannte **Schnittgerade**, die den Verlauf des Schnitts angibt. Sie lässt sich bestimmen, indem man die beiden Parameterformen der Ebenen gleichsetzt und das daraus resultierende lineare Gleichungssystem auflöst. Die Lösungen setzt man dann wiederum in eine der beiden Gleichungen ein (2 von 4 Parametern jeweils).

Des Weiteren lässt sich in diesem Zusammenhang der **Schnittwinkel** von zwei Ebenen bestimmen. Dazu bilden wir das Skalarprodukt der beiden Normalenvektoren. Dementsprechend sind zwei Ebenen zueinander orthogonal (senkrecht), wenn ihre Normalenvektoren zueinander senkrecht sind.

Auch hier gibt es nun eine Form der *Büschel*: ein **Ebenenbüschel**. Alle Ebenen dieses *Ebenenbüschels* haben die gleiche Schnittgerade. Eine Menge solcher Ebenen lässt sich zum Beispiel mit der *Normalenform* beschreiben: Dazu macht man den Normalenvektor nun variabel (also unbestimmt) und schon erhält man alle Ebenen mit einer gleichen Schnittgerade.

4 Abstandsbestimmung

In manchen Aufgabenstellungen wird gefordert, dass man den geringsten Abstand „d" – in welcher Form auch immer – bestimmen soll. Im Folgenden werden diese Formen aufgeführt:

- **Geringster Abstand zwischen dem Koordinatenursprung (0|0|0) und einer Ebene oder Gerade in einer Ebene :**

$$d = \left| \vec{v}_0 \cdot \vec{n}_0 \right| = \sqrt{\left(v_{0,1} \cdot n_{0,1} \right)^2 + \left(v_{0,2} \cdot n_{0,2} \right)^2 + \left(v_{0,3} \cdot n_{0,3} \right)^2}$$

v_0 ist dabei der Stützvektor der Ebene, der auf einen festen Punkt zeigt (Vergleiche: *Normalenform*). n_0 ist der Einheitsvektor (Kapitel 2 → Betrag) der Normale, also ein Vektor, der den Betrag 1 hat. Die zugehörige Normale wird mit dem Kreuzprodukt bestimmt.
Wollen wir den Abstand des Ursprungs von einer Geraden bestimmen, so müssen wir die zugehörige Ebene kennen, in der die Gerade liegt (2 Spannvektoren nötig) und können so das Vektorprodukt (die Normale der Ebene) bestimmen.

- **Geringster Abstand zwischen irgendeinem Punkt P und einer Ebene oder Gerade in einer Ebene:**

$$d = \left| \left(\vec{p} - \vec{v}_0 \right) \cdot \vec{n}_0 \right|$$

Der Vektor p ist hierbei der Ortsvektor des Punktes p, von dem der Abstand bestimmt werden soll. Der Rest gilt analog zur Berechnung des Abstands vom Koordinatenursprung.

- **LK: Geringster Abstand zweier windschiefer Geraden:**
Haben wir zwei Geraden, die beide in der *Parameterform* (Kapitel 2) vorliegen und weder identisch oder parallel sind, noch einen Schnittpunkt haben, so können wir für die Abstandsbestimmung des geringsten Abstands, den die beiden Geraden je annehmen, folgende Gleichung verwenden:

$$d = \left| \left(\vec{p}_0 - \vec{q}_0 \right) \cdot \vec{n}_0 \right|$$

p_0 ist hierbei ein Vektor, der auf einen festen Punkt der 1. Gerade zeigt und q_0 ist ein Vektor, der auf einen Punkt der 2. Gerade zeigt.
Die Normale (die für den Normalen-Einheitsvektor n_0 benötigt wird), berechnet sich über das Vektorprodukt der beiden Richtungsvektoren der windschiefen Geraden.

5 Kreise und Kugeln (LK)

Auch Kreise und Kugeln lassen sich in der Form wie Ebenen und Geraden darstellen und behandeln:

$$Kreis: r^2 = \left(x_1 - m_1 \right)^2 + \left(x_2 - m_2 \right)^2$$

$$Kugel: r^2 = \left(x_1 - m_1 \right)^2 + \left(x_2 - m_2 \right)^2 + \left(x_3 - m_3 \right)^2$$

m_1, m_2 und m_3 sind hierbei die Koordinaten des Mittelpunktes des Kreises – bzw. der Kugel – und r ist offensichtlicherweise der Radius des Kreises oder der Kugel. Setzt man nun einen beliebigen Punkt x in die Gleichung ein, so gibt es 3 Möglichkeiten:

1. Der rechte Teil der Gleichung ist gleich dem Radius zum Quadrat → der Punkt liegt auf dem Kreis / der Kugel
2. Der rechte Teil der Gleichung ist größer dem Radius zum Quadrat → der Punkt liegt innerhalb dem Kreis / der Kugel
3. Der rechte Teil der Gleichung ist kleiner dem Radius zum Quadrat → der Punkt liegt außerhalb dem Kreis / der Kugel

Auch für die Beziehung zwischen einer Ebene und einer Kugel gibt es 3 verschiedene Beziehungsarten: Sie berühren sich in keinem Punkt (passierende Ebene), sie berühren sich in einem Punkt (tangentiale Ebene), oder die Ebene und die Kugel schneiden sich (sekantielle Ebene).
Um die Art der Beziehung zwischen Ebene und Kugel zu bestimmen, betrachten wir den Abstand des Mittelpunktes und der Ebene (Kapitel 4). Ist der Abstand größer als der Radius, handelt es sich um eine passierende Ebene, ist er gleich dem Radius um eine tangentiale Ebene und ist er kleiner dem Radius, so schneidet die Ebene die Kugel (sekantiert).

Eine Häufig benutzte, geometrische Aufgabenstellung zu Kreisen ist nun, dass man einen Kreis konstruieren soll, der durch die 3 Punkte A, B und C geht. Zuerst konstruieren wird dazu das Dreieck ABC. Die Mittelsenkrechten der Seiten dieses Dreiecks schneiden sich nun in einem Punkt, welcher der Mittelpunkt des Kreises ist. Um den Radius nun bestimmen, setzen wir einen der drei Punkte in die Kreisform ein und schon haben wir die Gleichung für den Kreis bestimmt, der durch alle drei Punkte A, B und C geht.

6 Matrizen (LK)

Ein Gleichungssystem lässt sich auch in eine sogenannte Matrix überführen. Sie ist so ähnlich wie ein Vektor aufgebaut, nur dass sie auch mehrere Elemente in der horizontalen Ebene hat. Eine Matrix könnte wie folgt aussehen:

$$\begin{pmatrix} a_1 & b_1 & c_1 \\ a_2 & b_2 & c_2 \\ a_3 & b_3 & c_3 \end{pmatrix}$$

Eine allgemeine Matrix kann – wie ein Vektor – eine beliebige Dimensionalität annehmen, das heißt, ihre Ausmaße können beliebig groß werden. Die vorliegende Matrix ist beispielsweise eine 3 x 3 Matrix. Im Allgemeinen handelt es sich nun um eine m x n (m Zeilen, n Spalten). Streng genommen ist so auch ein jeder Vektor eine Matrix.

Wollen wir nun ein lineares Gleichungssystem mit Matrizen lösen, gehen wir zuerst in das „Run-Mat" Menü und drücken auf „MAT" (F1). In dem folgenden Menü sehen wir einige Speicherplätze. Wir wählen „Mat A" aus. Haben wir nun ein Gleichungssystem, in dem 3 Unbekannte sind und wir 3 Gleichungen haben, wählen wir 3 x 4 (Die letzte Zeile sind die „Ergebnisse" in ganzen Zahlen). Nun tragen wir die Faktoren des linearen Gleichungssystems ein (ohne Verwendung der Parameter). Anschließend kehren wir ins „Run-Mat" Menü zurück.
Mit dem Befehl „Mat" (SHIFT → 2) + dem Speicherort (Hier A; Alpha → X) und einem Klick auf „EXE" erreichen wir, dass die Matrix angezeigt wird. Wollen wir nun, dass die Matrix diagonalisiert (in Dreiecksform) wird, so drücken wir OPTN → „MAT" (F2) → F6 → „Ref" (F5) + die Matrix, die diagonalisiert werden soll (MatA). Mit „Rref" können wir eine Gleichung auch sofort lösen.

Natürlich gibt es auch bei Matrizen Rechenregeln, die man beachten muss.
Bei der Addition wird jeweils der Wert der Matrix, wo Nummer der jeweiligen Zeile und Spalte der beiden Matrizen gleich ist, verrechnet ($a_1 + a_1$ usw.). Die Addition zweier Matrizen ist jedoch nur definiert, wenn beide Matrizen gleich viele Zeilen und Spalten haben (m x n).
Multipliziert man eine Matrix mit einem Skalar (Nicht-Vektor), so wird jedes Element der Matrix mit diesem Skalar verrechnet.
Multipliziert man eine Matrix mit einem Vektor, so wird das erste Element des Vektors mit allen Elementen der ersten Spalte der Matrix verrechnet, das zweite Element des Vektors mit allen Elementen aus der zweiten Spalte der Matrix und so weiter. Dafür muss logischerweise gegeben sein, dass der Vektor gleich viele Elemente hat, wie die Matrix Spalten, ansonsten funktioniert es nicht.

7 Vektorräume (LK)

Ein Vektorraum V enthält alle Vektoren eines bestimmten Typen. Ein Vektorraum könnte wie folgt aussehen:

$$V = \left\{ \begin{pmatrix} a \\ b \\ c \end{pmatrix} \mid a, b, c \in \mathbb{R} \right\}$$

Dieser spezielle Vektorraum enthält alle dreidimensionalen Vektoren, die reelle Zahlen enthalten. Ein Vektorraum kann aber auch alle quadratischen Gleichungen enthalten in der Form

$$V = \left\{ ax^2 + bx + c \mid a, b, c \in \mathbb{R} \right\}$$

Wir sehen: Unserer Phantasie sind bei Vektorräumen praktisch keine Grenzen gesetzt. Es lassen sich so auch zum Beispiel Einschränkungen des Definitionsbereichs von den Parametern machen; man muss nur aufpassen, ob es dann immer noch ein Vektorraum bleibt (gleich die Definition dazu).

Wir lernen außerdem noch eine neue (und richtigere) Definition von Vektoren kennen: Ein Vektor ist ein Element eines Vektorraums.

Ab wann gilt jedoch ein hypothetischer Vektorraum V wirklich als Vektorraum? Dazu müssen einige Punkte erfüllt sein, die zwar zunächst als trivial erscheinen, aber, wie wir merken werden, nicht immer gelten. Ist einer dieser Punkte nicht erfüllt, so ist die Hypothese sofort widerlegt, dass es sich um einen Vektorraum handelt. Die zu erfüllenden Punkte lauten wie folgt:

1. Addieren wir zwei Vektoren, die Elemente des Vektorraums sind, so muss sich ein dritter Vektor ergeben, der auch Element des Vektorraums ist (a + b = c).
   Zur Überprüfung wählen wir 2 Vektoren des Vektorraums, die nur Parameter anstatt Zahlenwerte enthalten und addieren sie. Ist der dritte Vektor auch ein Element des Vektorraums, so ist dieser Punkt abgehakt.

2. Der Vektorraum enthält ein *Nullelement* (Nullvektor), für das gilt, dass es mit einem beliebigen Vektor addiert wieder ebendiesen Vektor ergibt (a+0=a).
   Zur Überprüfung dieses Punktes sucht man nach einem Nullelement, was die Bedingung erfüllt und Element des Vektorraums ist.

3. Für jedes Element des Vektorraumes gibt es auch ein Gegenelement. Addiert man diese beiden Vektoren, so erhält man das Nullelement (a + (-a) = 0).
   Um das zu kontrollieren, nehmen wir ein parametrisiertes Element des Vektorraums und gucken, ob wir durch Einsetzen irgendwelcher Werte das Gegenelement erhalten.

4. Das *Assoziativgesetz* muss erfüllt sein, das heißt, es ist egal, wie wir die Klammern bei entweder einer Summe oder einem Produkt setzen, es kommt immer das Gleiche raus.
   Es gilt: a+(b+c)=(a+b)+c und a*(b*c)=(a*b)*c
   Um das zu prüfen, nehmen wir drei Elemente des Vektorraumes und setzen sie zum Einen in eine Summe mit Klammern und zum Anderen in ein Produkt mit Klammern ein. Nun lösen wir die Klammern auf und versuchen neue Klammern woanders zu setzen. Funktioniert das, so ist das *Assoziativgesetz* in dem vorliegendem Vektorraum gegeben.

5. Das *Kommutativgesetz* muss erfüllt sein, das heißt, es ist egal wie herum die Summanden – bzw. Faktoren – stehen, es kommt immer das Gleiche dabei raus.
   Es gilt: a+b = b+a und a*b = b*a
   Zur Kontrolle dieser Prämisse nehmen wir zwei parametrisierte Vektoren, die Elemente des vorliegenden Vektorraums sind, und gucken, ob wir durch Umformungen die beiden Vektoren vertauschen können, sodass das *Kommutativgesetz* erfüllt ist.

6. Das *Distributivgesetz* muss erfüllt sein, das heißt, dass, wenn man einen Faktor mit einer eingeklammerten Summe multipliziert, ergibt sich eine Summe, bei welcher jeder Summand den Faktor vor sich stehen hat ($a*(b+c) = a*b + a*c$).

   Diesen Sachverhalt können wir nun beweisen, indem wir wieder drei beliebige Elemente des Vektorraums nehmen und gucken, ob sich durch Umformungen das Ergebnis auf der rechten Seite des „=" erreichen lässt.

7. Es existiert ein „Eins-Element", das Element des Vektorraumes ist, also ein Element, das mit irgendeinem Element des Vektorraums multipliziert wieder ebendiesen Vektor ergibt ($a*1 = 1$).

   Um das zu überprüfen suchen wir nach einem Element, das diese Eigenschaft hat und Element des Vektorraumes ist. Außerdem muss es die oben genannte Eigenschaft erfüllen ($a*1=1$).

8. Multipliziert man ein Element des Vektorraums mit einem Faktor r, so muss das Ergebnis wieder ein Element des Vektorraumes sein ($a*r \in V$).

   Das überprüft man, indem wir den Vektor einfach mit einem Faktor r multiplizieren und gucken, ob durch irgendwelche Einschränkungen dieser Faktor nicht mehr Element des Vektorraums ist.

Gelten all diese Eigenschaften für den vorliegenden Vektorraum ohne irgendwelche Einschränkungen und Vorbehalte, so ist der vorliegende Vektorraum auch wirklich ein Vektorraum.

Andersherum können wir auch davon ausgehen, wenn wir einen Vektorraum vorliegen haben, indem Multiplikation und Addition gilt ($V,+,\cdot$), dass jedes der obigen Gesetze auch in diesem Vektorraum gilt.

Stochastik

1 Statistik

Es gibt einige Möglichkeiten, Statistiken zu analysieren. Die einzelnen Elemente werde ich im Folgenden beispielhaft an dieser Statistik erklären:

Note	1	2	3	4	5	6
Schüler	1	3	6	5	2	0

Absolute Häufigkeit: Dahinter steckt die Frage, wie oft ein jeder Messwert auftritt. Die obige Statistik stellt bereits die Absolute Häufigkeit dar.

Relative Häufigkeit: Man nimmt die *absolute Häufigkeit* eines Messwertes und teilt sie durch die Anzahl aller Messwerte. Die absolute Häufigkeit des Messwerts „2" wäre somit ungefähr 17,65%.

arithmetisches Mittel: Das *arithmetische Mittel* ist ein *Mittelwert* und auch als *Durchschnitt* bekannt. Man berechnet es, indem man die Messwerte (in diesem Fall „Note") mit der Häufigkeit des Auftretens des Messwerts multipliziert und schließlich durch die Anzahl aller Messwerte teilt. Man bezeichnet ihn als „x quer"

$$\bar{x} = \frac{1}{n}\sum_{i=1}^{6} x_i \cdot H(x_i) = \frac{1\cdot1+2\cdot3+3\cdot6+4\cdot5+5\cdot2+6\cdot0}{17} \approx 3,24$$

Median (Zentralwert): Ein weiterer *Mittelwert*. Nachdem man alle Messwerte der Größe nach sortiert hat, guckt man, welcher Wert genau in der Mitte liegt. Ist die Anzahl ungerade, so liegt er bei (n+1)/2, ist die Anzahl gerade, so addieren wir die beiden mittleren Werte (an der Stelle n/2 und (n/2 + 1)) und teilen sie schließlich durch 2. In unsrem Fall ist der Median 3.

Modus/Modalwert: Schließlich die letzte Art von *Mittelwert*. Beim Modus wird ein Wert gesucht, für den die absolute Häufigkeit am größten ist. So können auch mehrere Messwerte der Modus einer Statistik sein. Die Ungleichung $H(a_i) \le H(x_{mod})$ muss jedoch von jedem Messwert a_i erfüllt sein, damit x_{mod} als Modalwert der Statistik gilt. In unserer Statistik ist der Modus somit 3.

Varianz und Standardabweichung: Die Standardabweichung „σ" ist ein Maß für die Abweichung der Messwerte vom Mittelwert und resultiert aus der Varianz „V", indem man die Wurzel aus ihr zieht.

$$V = \frac{1}{n}\sum_{i=1}^{k} (x_i - \bar{x})^2 \cdot H(x_i) = \frac{1}{n}\sum_{i=1}^{6} (x_i - 3,24)^2 \cdot H(x_i) \approx 1,12$$

$$\sqrt{V} = \sigma \approx 1,059$$

Mittlere Absolute Abweichung: Ein weiteres Maß für die Abweichung der Messwerte vom Mittelwert. Die Berechnung ist ähnlich, aber anstatt mit Quadraten und Wurzeln zu arbeiten, rechnet man mit Beträgen (Ein Betrag lässt den Zahlenwert immer positiv sein).

$$|\sigma| = \frac{1}{n}\sum_{i=1}^{k} |x_i - \bar{x}| \cdot H(x_i) = \frac{1}{n}\sum_{i=1}^{6} |x_i - 3,24| \cdot H(x_i) \approx 0,866$$

Spannweite: Die Spannweite r einer Statistik ist die Differenz zwischen dem größten und dem kleinsten Messwert, in diesem Fall 5.

Empirisches Gesetz der großen Zahlen: Dieses Gesetz besagt, dass sich die empirischen relativen Häufigkeiten von Ergebnissen in einer Statistik sich mit größer werdender Stichprobe der erwarteten Wahrscheinlichkeit eines Ereignisses annähert.

2 Kombinatorik

Grundsätzlich lässt sich in der Kombinatorik zwischen *Variation* (mit Berücksichtigung der Reihenfolge) und *Kombination* (ohne Berücksichtigung der Reihenfolge) unterscheiden. Diese beiden Gebiete lassen sich dann jeweils noch einmal in Zufallsexperimente unterteilen, die unter der Voraussetzung „ziehen mit zurücklegen" durchgeführt wurden und welche, die unter der Voraussetzung „ziehen ohne zurücklegen" durchgeführt wurden.

Mit zurücklegen und mit Berücksichtigung der Reihenfolge: Dazu stellt man sich ein Urne vor, aus der man Kugeln zieht. In ihr liegen n Kugeln und man zieht k mal. Da nun die Anzahl der Kugeln während dem Zufallsexperiment nicht verändert wird, haben wir bei jedem Zug n Möglichkeiten, eine Kugel zu ziehen. Wenn wir das nun k-mal wiederholen ergibt sich ein Produkt als Anzahl der Möglichkeiten, verschiedene Ergebnisse zu erzielen, welches k-mal n als Faktor enthält, also n^k.

Ohne zurücklegen aber mit Berücksichtigung der Reihenfolge: Wir ziehen wieder k-mal Kugeln aus einer Urne, die n Kugeln enthält. Dieses Mal scheidet eine gerade gezogene Kugel jedoch aus und kann nicht noch einmal gezogen werden. Für den ersten Versuch gibt es hier wieder n Möglichkeiten, für den zweiten nur noch n-1 und so weiter, bis wir k-mal gezogen haben und es noch (n-k+1) Möglichkeiten gibt. Diesen Sachverhalt können wir als Fakultät (n! = n*(n-1)*...*2*1) darstellen. Da wir jedoch nur bis zum (n-k+1)-tem Versuch die Möglichkeiten wissen wollen, teilen wir n! durch k! und so erreichen wir was wir wollten. Letztendlich ergeben sich dafür also n! / k! Möglichkeiten, verschiedene Ergebnisse zu erzielen.

Ohne zurücklegen und ohne Berücksichtigung der Reihenfolge: Da die Reihenfolge, die die Kugeln haben, nun keine Rolle mehr spielt – die einzelnen Ergebnisse werden also zu einer Menge zusammen-gefasst, anstatt einzeln gezählt zu werden – muss die Anzahl an Möglichkeiten, die es gibt, verschiedene Ergebnisse zu erzielen, unweigerlich kleiner werden. Da wir nun noch ohne zurücklegen ziehen ergibt sich für die verschiedenen Möglichkeiten .
Eine häufig gestellte Aufgabenstellung dazu lautet: Wie viele k-elementige Teilmengen hat eine n-elementige Menge.

$$\frac{n!}{k! \cdot (n-k)!} = \binom{n}{k}$$

Auf dieses „n über k" lässt sich auch mit dem GTR zugreifen: Im „RUN-MAT" Menü drücken wir auf „OPT" → F6 → „PROB" (F3) → „nCr" (F3). Vor dem großen „C", das auftaucht geben wir nun unser n ein und danach unsere *Ziehmenge* „k".

Ohne zurücklegen und ohne Berücksichtigung der Reihenfolge: Eine sehr selten verwendete Form des Zufallsexperiments. Es beschreibt die Anzahl der k-elementigen Mengen, wenn jedes Element beliebig oft vorkommen darf. Man berechnet es wie folgt:

$$\binom{n+k-1}{k}$$

Der einzige Unterschied zu eben ist hierbei, dass wir (n+k-1) anstatt n in den Taschenrechner eingeben, um die Möglichkeiten bei diesem Experiment zu berechnen. Ansonsten bleibt alles wie gehabt.

3 Mehrstufige Zufallsexperimente

Generell lässt sich der Ablauf von Experimenten, die mehr als einmal durchgeführt werden, in einem *Baumdiagramm* darstellen, um sie übersichtlicher darzustellen, aber auch, um die Wahrscheinlichkeit für einen bestimmten Pfad zu berechnen. Gehen wir von einem Urnenexperiment aus, das die Kugeln H, H und T enthält.

Auf den Pfaden notieren wir jeweils die Wahrscheinlichkeiten, die das einzelne Ereignis hat. Um die Wahrscheinlichkeit eines Ergebnisses (Zum Beispiel um H-H zu berechnen), müssen wir die einzelnen Wahrscheinlichkeiten der Pfade **multiplizieren** (*Pfadregel*).

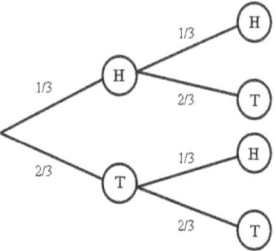

Wollen wir mehrere Ergebnisse, die sich nur in ihrer Reihenfolge unterscheiden, aber die gleichen Elemente enthalten (Vergleiche H-T und T-H), zusammenführen, so müssen wir von oben nach unten die Wahrscheinlichkeiten **addieren** (*Summenregel*).

Berechnen wir nun einmal die Wahrscheinlichkeit für das Auftreten von H-T ohne die Reihenfolge zu beachten:
Zuerst rechnen wir für T-H mit der Pfadregel aus: P(T-H) = 2/3 * 1/3 = 2/9
Anschließend rechnen wir die Wahrscheinlichkeit für H-T aus: P(H-T) = 1/3 * 2/3 = 2/9
Zum Schluss rechnen wir noch die Summe dieser beiden Wahrscheinlichkeiten aus: P(H-T) = 2/9 + 2/9 = 4/9

Dieses Baumdiagramm lässt sich auf eigentlich alle Zufallsexperimente anwenden, um die Wahrscheinlichkeit von einem Ergebnis zu berechnen. Das Problem ist nur, irgendwann werden die Experimente zu komplex und es würde Ewigkeiten dauern, ein Baumdiagramm aufzustellen und dann noch anschließend die jeweiligen Wahrscheinlichkeiten dafür zu berechnen. Es müssen also Rechenregeln her, die diese Experimente vereinfachen!

Die einfachste und bekannteste Rechenregel ist hierbei wohl die **Laplace-Wahrscheinlichkeit**:

$$P(A) = \frac{Anzahl\ der\ g\ddot{u}nstigen\ Ereignisse}{Anzahl\ aller\ M\ddot{o}glichkeiten}$$

Was heißt das nun aber? Im Kapitel „Kombinatorik" (2) haben wir bereits gesehen, wie man die Anzahl von verschiedenen Arten von Möglichkeiten ausrechnet. Die jeweilige Anzahl setzen wir nun in den Nenner des Bruchs ein.

Nun müssen wir aber noch schauen, wie viele Ereignisse *günstig* sind, also die Möglichkeiten, die uns interessieren (Vergleich oben: für H-T interessieren uns T-H und H-T). Am Beispiel eines Würfels könnte das wie folgt aussehen: wir haben insgesamt 6 Möglichkeiten, wie der Würfel fallen kann (Zahlen 1 bis 6). Wollen wir nun wissen, wie groß die Wahrscheinlichkeit ist, dass der Würfel auf einer Zahl, die ungerade ist liegen bleibt, müssen wir gucken für welche Zahlen von 1 bis 6 das zutrifft. Wir sehen: Es gilt für 3 Zahlen (Menge: {1;3;5}). Die Wahrscheinlichkeit für das Ereignis „ungerade" ist also 3/6. Gekürzt entspricht das ½.

Eine weitere Rechenregel ist die von mir getaufte „Lotto-Wahrscheinlichkeit" (*hypergeometrische Verteilung*). Diese Formel kann man anwenden, wenn man aus n Elementen k-mal zieht und m günstige haben will. Verdeutlicht wird dieser Sachverhalt durch folgende Grafik:
Wir haben eine Menge mit 17 Elementen, davon sind 7 günstig (also gut). Nun ziehen wir (ohne zurücklegen und zufällig) 6 Elemente dieser Menge und will 4 „Treffer" haben. Man rechnet dafür: $P(4\,richtige) = \binom{6}{4} \cdot \frac{10 \cdot 9 \cdot 7 \cdot 6 \cdot 5 \cdot 4}{17 \cdot 16 \cdot 15 \cdot 14 \cdot 13 \cdot 12} \approx 12{,}73\%$

Wir rechnen hier also – ähnlich wie beim Baumdiagramm alle Fälle durch und am Ende rechnen wir das noch mal die Möglichkeiten, 4 Elemente von 6 zu haben („4 über 6"). Das „10 * 9" am Anfang des Bruches steht für die ungünstigen Möglichkeiten (zwei nicht-Treffer bei 4 aus 6), das „7 * 6 * 5 * 4" für die günstigen Möglichkeiten (4 Treffer aus 6). Im Nenner steht die jeweilige Anzahl der Möglichkeiten für die jeweilige Ziehung.

4 Bernoulli-Verteilung

Eine weitere Möglichkeit, ein Zufallsexperiment in eine Rechenregel zu überführen ist die sogenannte *Bernoulli-Verteilung*. Voraussetzung, dass man mit Bernoulli rechnen darf, ist, dass man einerseits bei dem Experiment **mit zurücklegen** zieht, andererseits es bei dem Experiment **nur 2 Ergebnisse** gibt, nämlich Treffer und nicht Treffer (Zum Beispiel „krank" und „nicht krank").
Ein Bernoulli Experiment wird nun n-mal durchgeführt und hat die Trefferwahrscheinlichkeit p. Man möchte wissen, wie wahrscheinlich es ist, k Treffer zu erhalten. In diesem Zusammenhang muss man sich die Bernoulli-Zufallsgröße B(n;p;k) merken, die für die Notation im Abitur wichtig ist. Weiterhin ist noch wichtig: kann man diese Formel anwenden, so ist die Zufallsgröße *binomialverteilt* und andersrum.
Für die Wahrscheinlichkeit, dass die Zufallsvariable X den Wert k annimmt, rechnet man nun:

$$P(X=k) = B(n;p;k) = \binom{n}{k} \cdot p^{k} \cdot (1-p)^{n-k}$$

Mit dem Taschenrechner wissen wir nun bereits, wie wir mittels „nCr" im „Mat-Menü" das „n über k" eintragen können und es ist hoffentlich auf klar, wie man Potenzen eintippt. Eine Möglichkeit, diese Formel auszurechnen haben wir also bereits.
Es gibt aber noch 2 andere Möglichkeiten: Wir können über das **„Stat" Menü** eine komplette Verteilung (für jedes k also) aufstellen lassen. Dazu gehen wir im „Stat" Menü mit dem Cursor auf „List1" und wählen „OPTN" → „LIST" (F1) → „Seq" (F5). Dieser Punkt lässt uns eine Zahlenfolge erstellen. Wir wollen die Werte von 0 bis n als Trefferzahl k angezeigt bekommen, also tippen wir ein: Seq(x,x,0,n,1) und drücken auf „EXE". Im nächsten Schritt kehren wir durch mehrfaches drücken von „EXIT" in das „Stat"-Hauptmenü zurück. Dort drücken wir dann auf „DIST" (F5) → „BINM"(F5) → „Bpd" (F1). Als „Data" stellt man nun „LIST" ein und als „LIST" die Liste, in die wir die Zahlenfolge eingetragen haben (Also List 1). „Numtrial" ist unser n und p ist die Trefferwahrscheinlichkeit. Drücken wir nun auf „EXE", werden uns die ganzen Werte für verschiedene k's angezeigt. Wichtig: Der Taschenrechner zeigt von 1 bis n+1 an. Wollen wir ein bestimmtes k, müssen wir im GTR also nach der Stelle – 1 suchen. Die Zahlenfolge ist hierbei eine große Hilfe.

Eine weitere Möglichkeit ist es, in den Wertetafeln der Binomialverteilung nachzulesen (S. 44f. *Tafelwerk*). Diese Wertetafeln werden auch oft im Abitur verwendet. Die Wahrscheinlichkeit für ein k unter der Voraussetzung eines bestimmten p's und n's lässt sich hier nachlesen, indem die ersten vier Nachkommastellen angegeben sind. Zur besseren Lesbarkeit würde ich dazu ein Geodreieck verwenden.

Eine weitere Anwendungsmöglichkeit der Bernoulli-Verteilung ist, wenn man berechnen möchte, wie groß die Wahrscheinlichkeit ist, zwischen k1 und k2 Treffer zu erzielen. Man nennt das kumulierte Wahrscheinlichkeit und als Bernoulli Zufallsgröße heißt sie F(n;p;k), wobei k hier „von 0 bis k" heißt. Man rechnet:

$$P(k_1 \geq X \geq k_2) = F(n;p;k_1) - F(n;p;k_2) = \sum_{i=k_1}^{k_2} \binom{n}{i} \cdot p^i \cdot (1-p)^{n-i}$$

$$P(k \geq X \geq 0) = F(n;p;k)$$

$$P(n \geq X \geq k) = 1 - F(n;p;k-1)$$

Analog zur „normalen" Binomialverteilung lässt sich auch die kumulierte Wahrscheinlichkeit ganz einfach mit den Mitteln, die wir bereits haben, berechnen (s. *Rückblick* → *arithm. Zusammenhänge* → *Summe*).
Sie lässt sich auch im „Stat" Menü berechnen, nur dass anstatt „Bpd" nun „Bcd" ausgewählt wird.
Sie lässt sich auch in den Tabellen nachschlagen, nur muss man dazu beachten, dass hier nach F(n;p;k), anstatt B(n;p;k) gesucht werden muss (*Tafelwerk* S. 45; 47; 49)

Ist eine Zufallsgröße *binomialverteilt*, so lässt sie sich auch statistisch einfacher betrachten:
Erwartungswert (Mittelwert) μ:
$$\mu = n \cdot p$$

Standartabweichung σ:
$$\sigma = \sqrt{n \cdot p \cdot (1-p)}$$

LK: Manchmal kann es jedoch passieren, dass der Taschenrechner mit den Zwischenergebnissen der Bernoulli-Verteilung nicht mehr rechnen kann. Dies ist zum Beispiel schon bei 1000 über 100 der Fall (Das Ergebnis übersteigt $9,9 * 10^{99}$ und ist somit für den GTR nicht mehr darstellbar). Man kann Aufgaben mit solchen Zahlen trotzdem berechnen und zwar mit der **Gauß'schen Normalverteilung**. Gauß hat dazu eine Funktion aufgestellt, die näherungsweise die Binomialverteilung beschreibt und ausreichend genaue Näherungswerte dafür liefert, sofern die Laplace Bedingung ($\sigma > 3$; s. S. 32 u.) erfüllt ist.

Was Gauß nun gemacht hat, ist, eine Funktion $\varphi(x)$ durch Streckung und Verschiebung möglichst gut an die Binomialverteilung anzupassen.

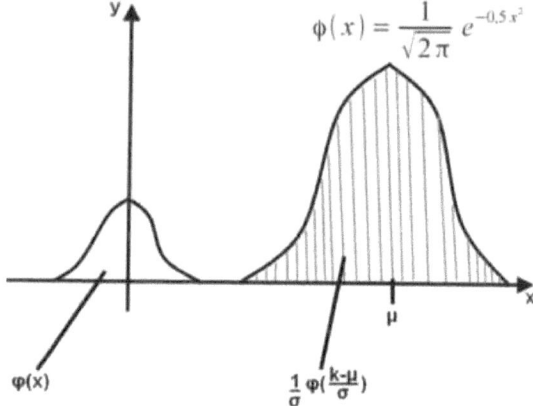

$$\phi(x) = \frac{1}{\sqrt{2\pi}}\, e^{-0,5\,x^2}$$

Durch Stauchung der Funktion mit 1/σ und einsetzen von (k – μ)/σ für x ergibt sich eine Näherung für die Binomialverteilung.

Will man nun die Wahrscheinlichkeit für eine bestimmte Trefferanzahl – **B(n;p;k)** – über die Gauß-Normalverteilung berechnen, so muss man einfach nur das k, für das man den Wert wissen will, in die Funktion

$$B(n;p;k) \approx \frac{1}{\sigma\sqrt{2\pi}} \cdot e^{-0,5\left(\frac{k-\mu}{\sigma}\right)^2}$$

(μ und σ sind auf S. 32 beschrieben).

Will man nun mit der Gauß-Normalverteilung die kumulierte Wahrscheinlichkeit **F(n;p;k)** berechnen will (S. 32 für Erklärung) muss man über das Integral der Funktion gehen. Die Integralsfunktion heißt nun jedoch Φ(x) anstatt φ(x). Man berechnet die kumulierte Wahrscheinlichkeit über die Formel:

$$F(n;p;k) \approx \Phi(x) = \frac{1}{\sqrt{2\pi}} \int_{-n}^{\frac{k-\mu+0,5}{\sigma}} e^{-0,5\,x^2}\,dx$$

Will man nun eine kumulierte Wahrscheinlichkeit berechnen, die durch diese Formel nicht abgedeckt wird, muss man sie über die Gesetze für kumulierte Wahrscheinlichkeiten (S. 32 unten) so abändern, dass es funktioniert.

Auch bei der Gauß'schen Normalverteilung haben wir die Möglichkeit, Aufgabenstellungen diesbezüglich über Tabellen zu lösen. Sie finden sich auf der Seite 50 des *Tafelwerks*. Man muss hier nur z, also (k-μ+0,5)/σ , berechnen und in der Tabelle nachgucken, welche Wahrscheinlichkeit sich für den Wert ergibt. Für negative z muss man beachten, dass $\Phi(x) = 1 - \Phi(x)$ ist.

4 Bedingte Wahrscheinlichkeit

Wenn ein Ereignis B die Wahrscheinlichkeit eines Ereignisses A beeinflusst, so redet man von *bedingter Wahrscheinlichkeit*. $P_B(A)$ ist in diesem Zusammenhang die Wahrscheinlichkeit von A unter der Bedingung, dass B bereits eingetreten ist.
Um zu prüfen, ob eine bedingte Wahrscheinlichkeit vorliegt, prüfen wir nun, ob P(A) das gleiche wie $P_B(A)$ ist, also ob das Ereignis B das Ereignis A beeinflusst, oder nicht.

Beispiel: Wir haben 5 Kugeln, davon sind 3 rot und 2 weiß. Die weißen haben die Zahlen 1 und 2 aufgedruckt, während die roten die Zahlen 3 bis 5 aufgedruckt haben. Ereignis A ist nun, dass die Kugel weiß ist, während Ereignis B „Zahl = 3" ist. Die allgemeine Wahrscheinlichkeit, dass Ereignis A in diesem Versuch auftritt, ist $P(A) = 2/5$. Für $P_B(A)$ ergibt sich jedoch 0, da, wenn Ereignis B – also, dass Zahl = 3 – eingetreten ist, die Kugel auf keinen Fall weiß sein kann. Die beiden Ereignisse sind also abhängig; es handelt sich um eine bedingte Wahrscheinlichkeit.

Zwei Ereignisse sind auch voneinander unabhängig, wenn die Wahrscheinlichkeit eines Ereignisses A unter der Bedingung, dass B eingetreten ist, geteilt durch die Wahrscheinlichkeit, dass A eintritt gleich der Wahrscheinlichkeit des Gegenereignisses (1-P(A)) unter der Bedingung, dass B eingetreten ist, geteilt durch die Wahrscheinlichkeit, dass das Gegenereignis von A eintritt, ist:

$$\frac{P_B(A)}{P(A)} = \frac{P_B(\overline{A})}{P(\overline{A})} \rightarrow Unabh\ddot{a}ngigkeit$$

5 Satz von Bayes

Hiermit berechnet man die Wahrscheinlichkeit, dass eine Alternative aufgetreten ist. Dazu geht man wie folgt vor:

Zuerst ordnet man den verschiedenen Alternativen eine *A priori Wahrscheinlichkeit* zu. Diese ist durch Vorwissen bestimmt und, sofern es keinen expliziten Grund für eine Änderung davon gibt, sind die Wahrscheinlichkeiten der Alternativen gleichverteilt (P=1/n).

Anschließend stellt man die Wahrscheinlichkeit eines Pfades auf (also die Wahrscheinlichkeit einer jeder Alternative unter der Bedingung eines oder mehrerer externer Ereignisse). Treten mehrere Ereignisse auf, werden die Wahrscheinlichkeiten, die eine Alternative unter Bedingung dieses Ereignisses aufweist, multipliziert:

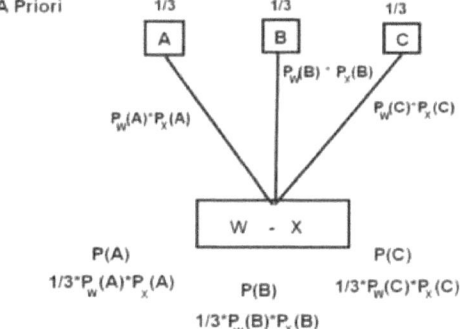

Um jetzt die Wahrscheinlichkeit zu berechnen, dass eine Alternative eingetreten ist, müssen wir die sogenannte *a posteriori Wahrscheinlichkeit* bestimmen. Dazu nehmen wir die Wahrscheinlichkeit einer Alternative (Zum Beispiel P(A)) und teilen sie durch die *totale Wahrscheinlichkeit*, also die Summe aller Wahrscheinlichkeiten (Hier P(A) + P(B) + P(C)):

$$P_{a\ posteriori}(A) = \frac{P(A)}{P_{total}} = \frac{P(A_1)}{\sum_{i=1}^{n} P(A_i)}$$

Eine typische Aufgabenstellung zum Satz des Bayes wäre zum Beispiel: In einer Werkstatt werden Schalter montiert. 40% davon sind von Person A montiert. In der Regel arbeiten 90% der Schalter von A einwandfrei. Die Werkstatt liefert zu 95% einwandfreie Schalter. Es wird ein defekter Schalter gefunden. Mit welcher Wahrscheinlichkeit wurde er von Person A zusammengebaut?

6 Konfidenzintervalle

Bei den Graphen von binomialverteilten Zufallsgrößen lassen sich *Vertrauensintervalle* festlegen, also Intervalle, in denen ein Zufallswert des Experiments mit einer so-und-so großen Wahrscheinlichkeit fällt. Natürlich könnte man an solche Aufgabenstellungen mit einer kumulierten Wahrscheinlichkeit rangehen, um zu gucken, bei welchen Werten es möglichst gut mit der Wahrscheinlichkeit passt.

Es gibt aber eine einfachere Möglichkeit dafür! Sofern die Laplace Bedingung ($\sigma > 3$; s. S.32 u.) erfüllt ist, kann man dieses Intervall über *σ-Umgebungen* angeben.

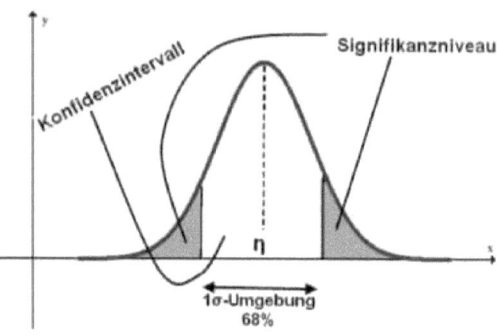

In dem Beispiel auf der rechten Seite ist nun dargestellt, wie eine 1σ-Umgebung einer Binomialverteilung aussehen würde. Hierbei ist das Konfidenzintervall ungefähr 68%, ein Zufallswert fällt also mit einer Wahrscheinlichkeit von 68% in diesen Bereich. Weiterhin zeigt die Grafik, was ein *Signifikanzniveau* ist. Dabei handelt es sich um ein Intervall, das ausgeschlossen wird, also als so unwahrscheinlich erachtet wird, dass man es ausschließen kann. Dieses Signifikanzniveau wird bei Kapitel 6 – Hypothesentests noch eine Rolle spielen.

Wir sehen nun, dass dass sich das Konfidenzintervall symmetrisch um den Erwartungswert µ. Daraus lässt sich eine Formel für das Intervall aufstellen: $\left[\mu - c \cdot \sigma \; ; \; \mu + c \cdot \sigma\right]$

„c" ist hierbei eine Konstante, die stellvertretend für die Wahrscheinlichkeit steht, dass ein zufälliger Wert in das Konfidenzintervall fällt. Für eine Wahrscheinlichkeit von 68% ist c so beispielsweise 1, für 95,4% ist c gleich 2 und so weiter (weitere Werte für c stehen im *Tafelwerk* auf S. 43).

Wenn man das Intervall berechnet, aber runden muss, so muss man eine Sache beachten: **Das Intervall darf nicht größer gemacht werden**! Beim Anfangswert wird somit **immer** aufgerundet (auch bei zum Beispiel „,01") und bei Endwert des Intervalls wird immer abgerundet.

7 Hypothesentest

Bei einem *Hypothesentest* möchte man auf einem bestimmten Signifikanzniveau (Kapitel 6) testen, ob eine Annahme angenommen oder abgelehnt werden sollte. Diese Annahme bezeichnet man als *Nullhypothese* H_0 und ihr wird eine Hypothesen-Wahrscheinlichkeit p_0 zugeordnet. Bei manchen Aufgabenstellungen existiert parallel dazu noch eine Alternativhypothese H_1 mit einer Wahrscheinlichkeit p_1 und man soll diese beiden gegeneinander abgleichen. Um das ganze zu testen, wird eine Stichprobe gezogen.

Bei diesem Testverfahren können jedoch schnell Fehler entstehen: Zum Beispiel wird eine Hypothese abgelehnt, obwohl sie richtig ist (*Fehler 1. Art* oder *α-Fehler*), oder sie wird angenommen, obwohl sie falsch ist und die Alternativhypothese stimmt (*Fehler 2. Art* oder *β-Fehler*).

Zuerst stellt man für die Nullhypothese einen Annahmebereich auf, also den Bereich, in der die Nullhypothese angenommen wird. Das geschieht über die im vorigen Kapitel angesprochene σ-Umgebung, oder über kumulierte Wahrscheinlichkeiten (Merke: Signifikanzniveau = α-Fehler). Zumeist wird dafür bereits ein festes Signifikanzniveau vorgegeben, mit der wir den Annahmebereich bestimmen können.

Hat man nun den Annahmebereich festgelegt, so kann man entweder mit ihr eine Stichprobe durchführen und schauen, ob die Nullhypothese auf dem angelegten Signifikanzniveau angenommen werden kann, oder abgelehnt werden sollte.

Man kann aber auch das Risiko für das Auftreten eines Fehlers 1. oder 2. Art berechnen (s.o.), also die Wahrscheinlichkeit, dass einer dieser Fehler auftritt. Ein **Risiko 1. Art** berechnet man über kumulierte Wahrscheinlichkeiten, indem man guckt, wie wahrscheinlich es ist, dass ein Zufallswert in den Ablehnungsbereich der Null -hypothese fällt. Wir bilden also die kumulierte Wahrscheinlichkeit von 0 bis zur kritischen Zahl K (der letzte Wert im Ablehnungsbereich) und von der nächsten kritischen Zahl bis zum Ende des Stichprobenumfangs. Wir berechnen es also mit $F(n;p_0;K)$.

Das Risiko 2. Art können wir wiederum nur berechnen, wenn wir eine Alternativhypothese inklusive der zugehörigen Wahrscheinlichkeit haben. Wir berechnen, wie wahrscheinlich es ist, dass die alternative Wahrscheinlichkeit zwar zugrunde liegt, der Zufallswert aber in den Annahmebereich der Nullhypothese fällt. Wir rechnen dazu: $F(n;p_1;k_1) - (F(n;p_1;k_2)$

Wollen wir beide **Fehler minimieren**, so haben wir die Möglichkeit, den Stichprobenumfang größer zu machen.

Alternativtest (einseitig):
- Irrtumswahrscheinlichkeit: $P(\alpha) = F(n;p_0;k)$
  $$P(\beta) = 1 - F(n;p_1;k)$$
- Kritische Zahl bestimmen (α-Fehler gegeben): $P(\alpha) \leq 0{,}1 \rightarrow F(n; p_0;k) \leq 0{,}1$
  Aus Tabelle ablesen, ab welchem K diese Bedingung stimmt.
- Stichprobenumfang bestimmen (ab wann sind α und β kleiner/gleich einem bestimmtem Wert?)
  Man schaut in der Tabelle nach, für welches n die beiden k's übereinstimmen, also die Zahlen, bei denen die beiden Fehler kleiner oder gleich dem vorgegebenen Wert werden.

Es gibt aber auch die Möglichkeit, dass die Alternativhypothese nicht festgelegt ist (Zum Beispiel $H_1:p_1\leq0{,}5$). Dieser Fall heißt dann *Signifikanztest*. Bei ihm existiert neben der Nullhypothese eine Gegenhypothese, die mit einer Ungleichung als Wahrscheinlichkeit ausgestattet wurde. Um die Irrtumswahrscheinlichkeit der Gegenhypothese zu berechnen können wir somit auch den Wert nehmen, dem sich die Relation annähert. Diesen Test gibt es in drei verschiedenen Arten:

$$H_0 : p \geq p_0 : \textit{Alternative} : H_1 : p < p_0 \rightarrow \textit{Linksseitiger Test}$$
$$H_0 : p \leq p_0 : \textit{Alternative} : H_1 : p > p_0 \rightarrow \textit{Rechtsseitiger Test}$$
$$H_0 : p = p_0 : \textit{Alternative} : H_1 : p \neq p_0 \rightarrow \textit{Beidseitiger Test}$$

Bei allen drei Arten gilt es, die Nullhypothese zu testen. Dafür stellen wir jeweils den Annahmebereich auf einem vorgegebenen Signifikanzniveau auf. Zu beachten gilt, dass bei dem links- und rechtsseitigem Test nur eine Seite betrachtet wird und somit das gesamte Signifikanzniveau (und somit der Ablehnungsbereich) in diesem Bereich liegen muss.

Für einen **linksseitigen** (für einen linksseitigen Test gilt das gleiche, wie für einen **rechtsseitigen**) Test mit n=100, $p_0\geq0{,}4$ und einem Signifikanzniveau von α=0,1 würde sich ein Annahmebereich von [34; 100] ergeben, da der α-Fehler (das Signifikanzniveau) 0,1 ist. Wir können also diesen Annahmebereich ganz einfach mit der kumulierten Wahrscheinlichkeit (Bernoulli) berechnen und zwar für den Wert, an den sich p_0 in der Relation grenzwertig annähert. Für alle Stichproben, die außerhalb des Annahmebereiches liegen, gilt die Alternativhypothese als richtig.

Ein **beidseitiger** Test funktioniert ähnlich, nur muss auf beiden Seiten ein Ablehnungsintervall sein. Hier lässt sich also ohne Probleme die σ-Umgebung um den Mittelwert verwenden (Falls die Laplace Bedingung erfüllt ist). Für einen Test mit n=100, p_0=0,4 auf einem Signifikanzniveau von 0,1 ergibt sich so ein Annahmebereich von [32;48]. Liegt der Wert der Stichprobe außerhalb dieses Bereiches, wird die Alternativhypothese als richtig angenommen.

Wollen wir nun die Irrtumswahrscheinlichkeit für einen dieser Tests berechnen, wählen wir als p den Wert, der sich die jeweilige Hypothese in der Relation annähert.